Schrader-Motor-Chronik

Deutsche Autos der Wirtschaftswunderjahre

1948 – 1960

W23-4860

Schrader-Motor-Chronik

Deutsche Autos der Wirtschaftswunderjahre

1948 – 1960

Eine Dokumentation von Halwart Schrader

Schrader Verlag spezial

Die Vorlagen zu diesem Buch stammen aus den Archiven von
Halwart Schrader, Klaus Vollmar/WK Verlag und Walter Zeichner

ISBN 3-613-87170-X

1. Auflage 1998

Lektorat: Halwart Schrader
Innengestaltung: Viktor Stern
Druck und Bindung: Bosch-Druck, Landshut
Printed in Germany

Inhalt

Einführung

Der Begriff vom »Wirtschaftswunder« ist im Bewußtsein aller Deutschen so fest verankert, daß er kaum mehr einer Erklärung bedarf. Die Zeit nach der Währungsreform von 1948 liegt jetzt zwar bereits ein halbes Jahrhundert zurück, aber in Gestalt zahlreicher Produkte aus jener Ära ist sie uns gewärtig geblieben. Damals begann die Epoche der Nierentische und Tütenlampen, der Petticoats und der Kreppschuhsohlen, der Kofferradios und der Camping-Klappanhänger. Der Wiederaufbau ohne die Last von überholten Techniken und Strukturen wurde zur Grundlage des wirtschaftlichen Aufschwungs der kommenden Jahrzehnte. Dies galt zumindest für die drei Westzonen Deutschlands; im Osten hatte man sehr viel weniger Anlaß, zuversichtlich in die Zukunft zu blicken.

Die deutsche Automobilindustrie, schon vor dem Kriege ein bedeutender Wirtschaftszweig, verlieh dem Aufschwung West ganz besondere Akzente. Schon 1950 waren mehr als eine halbe Million Kraftfahrzeuge zwischen Flensburg und Berchtesgaden zugelassen, und bis Anfang 1956 hatte sich der Bestand bereits vervierfacht. In jenem Jahr flossen mehr als 2,3 Milliarden Mark in die Kassen des Fiskus an Mineralöl- und Kraftfahrzugsteuer. 1976, zwanzig Jahre später, waren es bereits 21 Milliarden.

Der kleine Champion war für manches junge Pärchen 1949 ein Traumwagen...

Ob »Wunder« oder Resultat aus Fleiß, Geschäftssinn und Kreativität: Der westdeutsche Bürger hatte sehr viel früher als mancher seiner europäischen Nachbarn nach dem Kriege die Chance, sich ein Auto anzuschaffen. Erst waren es Rollermobile und Kleinwagen, dann ausgewachsene Autos vom Format eines VW Käfer, Ford Taunus oder Opel Olympia, die – auf Raten oder gegen Barzahlung gekauft – vom neuen Wohlstand ihrer Besitzer kündeten. Und auch Sportwagen wie der Porsche oder große Geschäfts- und Reisewagen wie die Limousinen von Mercedes-Benz, BMW oder Borgward lösten mehr und mehr die letzten verbliebenen Vorkriegsmodelle im Straßenbild ab.

Für diesen Band der Reihe Schrader-Motor-Chronik wurde eine Mischung von Abbildungen aus Katalogen, Inseraten und anderen Werbemitteln aus der Zeit von 1948 bis 1960 zusammengestellt, die einen aufschlußreichen Rückblick auf die vielfältigen Produkte der deutschen Automobilindustrie aus jener Epoche vermittelt. Die Art, wie man damals Werbung betrieb, vermittelt besonders gut den Zeitgeist jener Aufbruchjahre. Die Zusammenstellung von Abbildungen oft sehr unterschiedlicher Art auf engem Raum mag auf den ersten Blick verwirren, doch nicht anders ging es auf den Automobilausstellungen jener Jahre zu. Und wenn der Besucher von der Messe mit mehreren Dutzend kleiner und großer, bescheidener und luxuriöser Prospekte heimkehrte und sie abends auf dem schwarzgläseren, goldeingefaßten Couchtisch ausbreitete, um seinen Autotraum bei einem Glas Chantré weiterzuträumen – dann durfte er noch einmal die gleiche Vielfalt unterschiedlichster Eindrücke auf sich wirken lassen, die ihm die Wahl zur (angenehmen) Qual machte.

Die Marken in diesem Buch sind in alphabetischer Folge aufgeführt, jedoch machen die nach drucktechnischen Gege-

Die Linien des 1952 vorgestellten Ford Taunus 12 M verrieten Einflüsse amerikanischen Designs. Das M stand für „Meisterstück“.

benheiten eingestreuten Farbseiten eine Ausnahme: Sie sind nach ihrem eigenen Alphabet geordnet.
Natürlich können die in Faksimile wiedergegebenen Originalabbildungen nur einen kleinen Teil dessen darstellen, was die großen Prospektsammlungen aus jener Zeit zu bieten hätten; jeder Anspruch auf Vollständigekeit würde einen Band von mindestens tausend Seiten ergeben... und dann waren da ja noch die vielen Importfahrzeuge, für die es in der jungen Bundesrepublik ebenfalls schon einen interessanten Markt gab.
Von BMW und Borgward bis zu Wendax und Zündapp: Ausreichende Spannweite für Automobilnostalgie pur und ein repräsentativer, teils auch heiterer Querschnitt durch die Gebrauchsgraphik der fünfziger Jahre, als Phantasie und Improvisationsvermögen noch eine Rolle spielten und manche Unzulänglichkeit des Produkts so diskret wie genial kompensierten.
Eigentlich war's erst gestern, und doch zählen die Autos mit Modellnamen wie Opel Olympia, DKW Meisterklasse oder Borgward Hansa heute schon zu den Veteranen. Wie 1948 ein damals fünfzigjähriger Lutzmann, ein Benz Parsifal oder Wartburg Motorwagen...

BMW
Isetta
MODELL 1957

Mit der 1955 vorgestellten Isetta leisteten die Bayerischen Motoren Werke ihren Betrag zum Kleinwagen-Boom jener Jahre. Das BMW Motocoupé wurde bis 1962 in 161.728 Exemplaren hergestellt und war ein Lizenzbau des italienischen Iso, der aber im Unterschied zur BMW Isetta einen Zweitaktmotor hatte und auf dem heimischen Markt längst nicht so erfolgreich war.

Wer Köpfchen hat, ist sich im klaren: ... jetzt BMW Isetta fahren!

Weltweit erprobt, weltweit bewährt, weltweit beliebt – kurz: Ihr Gefährt!

BMW Isetta Standard 57 nur **2490** DM a.W.

... innen groß
Auf breiter Polsterbank Platz für 2 Erwachsene und 1 Kind. Reichlich Raum für Gepäck.

... außen klein
Parkt auf etwa 1/2 Autofläche. Bequemer Ein- und Ausstieg durch Fronttür.

... fahrsicher
auf 4 Rädern. Mit starkem Stahlrohrfahrgestell. Tür schließt lautlos-zuverlässig.

... allseitig geschlossen
daher wetterfest, doch mit Sonnendach und Ausblick nach allen Seiten – wie im Auto.

... praktisch
für jedermann, jeden Weg und jedes Wetter – im Privat-, Berufs- und Geschäftsverkehr. Jetzt auch mit schlauchlosen Sicherheitsreifen.

... kraftvoll-robust
wie der berühmte BMW Motor. Höchstgeschwindigkeit 85 km/st. Steigvermögen 30%.

... steuergünstig, wirtschaftlich
Preiswert bei bequemer Teilzahlung. Niedrige Betriebskosten. Geringe steuerliche Belastungen.

BMW Isetta MODELLE 1957

BMW Isetta STANDARD 57: Die Ideallösung des Isetta-Konstruktionskonzeptes. Bei niedrigstem Anschaffungspreis und größtmöglicher Wirtschaftlichkeit ein Höchstmaß an Fahrleistung, Komfort und Sicherheit. Wahlweise auch mit 300-ccm-Einzylinder-Motor. Normausführung 250 ccm 2490 DM a. W.

BMW Isetta EXPORT 57: Das bewährte Isetta-Konstruktionskonzept mit zahlreichen technischen Neuerungen. Verbesserte Federung durch Teleskop-Stoßdämpfer, noch gefälligere Karosserieform, vergrößerter Gepäckraum. Lieferbar auch als Cabriolet sowie als Kombi-Kleinfahrzeug mit abnehmbarem Pritschen- oder Kastenaufbau, ebenso mit 300-ccm-Motor.
Normausführung 250 ccm 2750 DM a. W.

Erfragen Sie bei Ihrem BMW Händler die ungewöhnlich günstigen Anschaffungsbedingungen!

BAYERISCHE MOTOREN WERKE AG MÜNCHEN

Inserat, erschienen im Frühjahr 1957 in der Motor-Revue. Die 2750 Mark für die Exportversion, wie man die Isetta mit der neuen Karosserie nannte, schlossen die Heizungsanlage nicht ein. Die bisherige Isetta pries man zu einem Sonderpreis an – nur 2490 Mark!

BMW

1952 lief in München die Serienfertigung des ersten BMW Personenwagens der Nachkriegszeit an – eine Neukonstruktion, die mit dem Mercedes 300 konkurrierte. 1954 folgte dem Sechszylinder ein V8-Typ. Die Noblesse ihrer Linienführung entsprach dem Charakter der Limousinen als repräsentative, komfortable und schnelle Reisewagen.

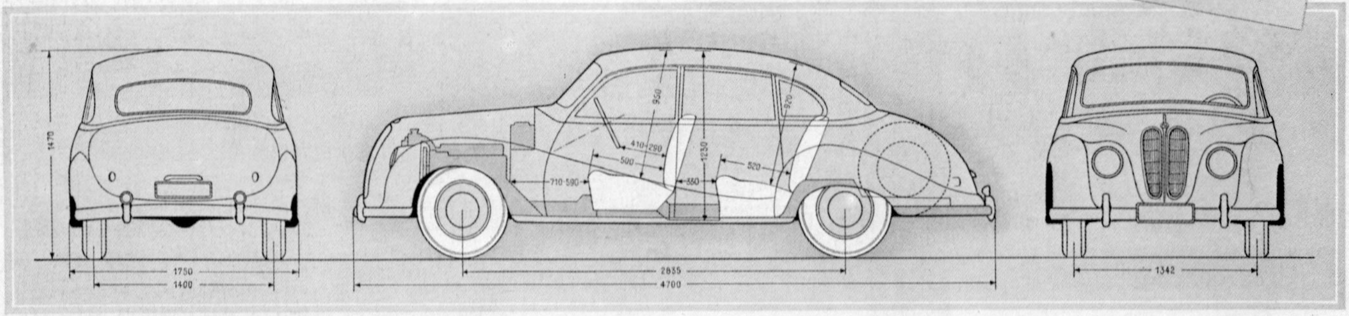

Zierrahmen eingefaßt. Aus Gründen der Zweckmäßigkeit wurde der Fahrtrichtungsanzeiger in der gebräuchlichen Winkerform beibehalten. Das gefällige Lenkrad mit Signalring und Winkerschaltung an der Lenksäule sind der vornehmen und zweckmäßigen Innenausstattung angeglichen. Die Lenkung ist durch ein Sicherheitslenkschloß – gleichzeitig als Zündschalter ausgebildet – diebstahlsicher sperrbar. Der von außen zugängliche Kofferraum, beim Hochklappen des Deckels beleuchtet, kann ebenso wie die Motorhaube nur nach Betätigung eines im Wageninnern befindlichen Handgriffes geöffnet werden. Das Ausmaß des Kofferraumes gestattet, viel Gepäck unterzubringen. Selbst bei vollbeladenem Kofferraum läßt sich das seitlich stehend angeordnete Reserverad mühelos entnehmen. Der im Wagenheck angeordnete Kraftstoffbehälter hat ein Fassungsvermögen von 60 Liter.

Als wesentliche Annehmlichkeit wird man die Heizungs- und Lüftungsanlage empfinden, die durch zugfreie Staudruckbelüftung bei geschlossenen Fenstern jederzeit ausreichende Luftmenge in das Wageninnere schafft. Bei eingeschalteter Heizung erfolgt die Warmluftführung über vom Kühlwasser versorgte Heizkörper, wobei die Luftführung regelbar ist und die Warmluft nach unten und oben zur Scheibenentfrostung gelangt. Diese Art der Lüftung ergibt im Wageninnern einen Überdruck, durch den kalte Luft nicht von außen nach innen dringen kann. Das übersichtliche Armaturenbrett ist für den Einbau eines bequem zu bedienenden Radiogerätes mit zwei Lautsprechern vorgesehen. Die Antenne ist liegend auf dem Karosseriedach angeordnet und im Gebrauch hochstellbar.

TECHNISCHE EINZELHEITEN:

Motor	Sechszylinder Viertakt
Bohrung und Hub	66 : 96 mm
Hubraum	1971 ccm
Verdichtungsverhältnis	6,3 : 1
Ventile	schräghängend im Zylinderkopf, mit Stoßstangen und Kipphebeln
Kolbenwerkstoff	Leichtmetall mit 4 Ringen
Vergaser	1 Solex Doppelfallstrom-Vergaser mit gegenläufig öffnenden Drosselklappen und Starthilfsvergaser
Ölkühlung	durch Wärmeaustauscher
Getriebe	Vierganggetriebe mit geräuschlosen, schrägverzahnten Rädern in sämtlichen Vorwärtsgängen
Getriebeuntersetzung	1. Gg. 3,85:1, 2. Gg. 2,17:1, 3. Gg. 1,30:1, 4. Gg. 1:1, Rw.-Gg. 3,88 : 1
Schaltung	Lenkradschaltung, mit Schalterleichterung durch Freilauf im 1. Gang und Sperrsynchronisierung des 2., 3. und 4. Ganges. Der 4. Gang hat Schongangcharakter
Hinterachsuntersetzung	4,11 : 1
Fußbremse	groß bemessene hydraulische Bremse mit selbsttätiger Nachstellung, Bremstrommel-Durchmesser 280 mm
Rahmen	Kastenrahmen mit verschweißtem Aufbauboden
Vorderachse	Einzelradfederung, Radführung oben und unten durch Dreieckslenker und 3 Spurstangen-Lenkübertragung
Hinterachse	Starrachse mit nach unten versetzter Ritzelachse
Kraftstoffbehälter	im Wagenheck 60 Liter Fassungsvermögen
Spurweite	1340 mm vorn, 1400 mm hinten
Radstand	2835 mm
Bodenfreiheit	180 mm
Größte Länge	4700 mm
Größte Breite	1750 mm
Größte Höhe	1470 mm
Höchstgeschwindigkeit	135 km/Std. bei Verwendung von Kraftstoff O.Z.70
Autobahn-Dauergeschwindigkeit	120 km/Std.

Bauänderungen vorbehalten

In gleicher Güte wie Tausende seiner Vorgänger

Das Armaturenbrett des 501 war im Vergleich zu manchem Konkurrenten eher nüchtern und sachlich.

Der lange vor dem Krieg konstruierte Reihen-Sechszylindermotor leistete ab 1954 72 PS.

Auf dem Genfer Salon wurde 1954 der Typ 502 als erster deutscher Achtzylinderwagen nach dem Krieg vorgestellt.

Ein elegantes sportliches Gesicht

Die sportlich-elegante Form des BMW 502 läßt nur ahnen, was in diesem Wagen steckt. »Mehr sein als scheinen« war schon immer der Grundsatz der Bayerischen Motoren Werke. Mit der Konstruktion des neuentwickelten 2,6 Liter-Achtzylinders wurde ein leistungsstarker Motor geschaffen, der allerhöchste Ansprüche des sportlichen Automobilisten erfüllt. Die Höchstgeschwindigkeit von 165 km/st, von der vollendet ausgestatteten und bequemen BMW 502 Limousine leicht erreichbar, sagt mehr als viele Worte. Der BMW 502 ist daher der ideale Wagen für jeden, der beruflich in kürzester Zeit weiteste Reisen zurückzulegen hat, für die sportliche Dame ebenso wie für den verwöhnten Herrenfahrer. Wer diesen repräsentativen Wagen fährt, weiß, wie mühelos und komfortabel höchste Reisedurchschnitte bei größter Fahrsicherheit zu erzielen sind.

Einzigartig

temperamentvoll

und schnell

Druck Passavia Passau · Printed in Germany · Imprimé en Allemagne · W 118 20 6. 54

Aus einem Prospekt von 1954: Der BMW V8 vom Typ 502 wies eine hochwertige Innenausstattung auf, der V8-Motor gab 105 PS bei 4800/min ab. Ein Automobil der Superlative.

Unter der Motorhaube

liegt ein technisches Meisterwerk, der kompakte, kraftvolle Achtzylinder V-Motor mit Leichtmetallgehäuse. Seine 105 PS verleihen dem Wagen bei höchster Elastizität über den Gesamtdrehzahlbereich eine Geschwindigkeit von 165 km/st. Laufruhe, Rundlauf, Leistungseinsatz und die Beschleunigungswerte sind überzeugend. Alle Aggregate und der hochwertige Werkzeugsatz sind übersichtlich und leicht zugänglich angeordnet.

Der bequeme Innenraum

zeichnet sich aus durch alle Vorzüge, die neuzeitliche Karosserie-Technik und Innenausstattungs-Kunst zu bieten vermögen. Eleganz, Bequemlichkeit und Zweckmäßigkeit sind kaum zu übertreffen. Bei der Entwicklung der geräumigen, viertürigen Karosserie wurde größter Wert auf mühelosen Ein- und Ausstieg gelegt. Zweckentsprechende Armlehnen und Haltegriffe vervollständigen den Komfort. Die ungewöhnliche Geräumigkeit des von innen gesicherten Kofferraumes mit stehend angeordnetem Reserverad gestattet das Mitnehmen von umfangreichem Reisegepäck.

501 A

Leistung und Schönheit – Sicherheit und Bequemlichkeit harmonieren in diesem zuverlässigen Fahrzeug, das Ihnen alle Vorteile moderner Automobilkonstruktion bietet.
Durch Motorleistung, sparsamen Verbrauch und Komfort überrascht dieser elegante Wagen, der in schwersten Langstreckenfahrten siegreich war.
Die dezente Eleganz seiner strömungsgünstigen Linie wurde mehrfach auf Schönheitskonkurrenzen prämiiert.
Als einziger deutscher Personenwagen seiner Klasse ist der BMW 501 mit dem stabilen Vollschutzrahmen ausgestattet. E bietet Ihnen daher auch bei hohen Geschwindigkeiten ruhig Straßen- und Kurvenlage und größte Sicherheit in voller Wagen breite für alle Fahrgäste.
Im Gedränge der Großstadt ist der temperamentvolle BMW 50 unübertroffen. Seine Wendigkeit und seine leichtgängige Präzisions Lenkung machen ihn für Stadt und Reise, für den verwöhnter Herrenfahrer sowie für die selbstfahrende Dame zum geeigneter Fahrzeug. Alles wurde zu Ihrer Bequemlichkeit geschaffen.

Prüfen Sie ihn auf Herz und Nieren! Im Gesamtwert seiner vielen Vorzüge liegt seine Überlegenheit

Im August 1954 wurde der Preis des BMW 501 A um über 1000 Mark gesenkt; der Wagen kostete nun 13 150 Mark, ein Mercedes 300 allerdings 22 000 Mark.

Oben: Wem das Sonnendach nicht genügte, der konnte auch ein bei Baur gefertigtes Cabriolet bestellen.

TECHNISCHE DATEN

Motor	BMW Sechszylinder-Viertakt-Reihenmotor
Leistung	72 PS bei 4400 U/min
Bohrung	66 mm
Hub	96 mm
Hubraum	1971 ccm
Verdichtungsverhältnis	6,8:1
Ventilanordnung	Hängend im Zylinderkopf
Ventilbetätigung	Stößel, Stoßstangen und Kipphebel
Kolben	Leichtmetall mit vier Kolbenringen
Vergaser	Doppel-Fallstrom-Register-Vergaser
Ölkühlung	Wärmeaustauscher im Kühlwasser des Zylinderblocks
Getriebe	Geräuschloses Viergang-Getriebe mit schrägverzahnten Rädern und Sperrsynchronisierung
Getriebeübersetzung	1. Gang 4,14:1 3. Gang 1,49:1 2. Gang 2,35:1 4. Gang 1:1 Rückwärtsgang 5,38:1
Schaltung	Lenksäulenschaltung
Hinterachsübersetzung	4,225:1
Rahmen	Vollschutz-Kastenrahmen mit starken Rohrquerträgern ist mit Aufbau verschweißt
Vorderachse	Einzelradaufhängung mit einstellbaren Drehstäben, Teleskopstoßdämpfern, Radführung oben und unten durch Dreieckslenker
Hinterachse	Federung durch zwei einstellbare Drehstäbe und zwei Teleskopstoßdämpfer
Reifen	5,5—16"
Lenkung	Kegelradgetriebe
Fußbremse	Hydraulische Vierrad-Fußbremse, vorn Duplex, hinten Simplex, mit selbsttätiger Nachstellung, Bremstrommel-⌀ 280 mm Gesamt-Bremsfläche 950 qcm
Handbremse	wirkt mechanisch auf Hinterräder
Kraftstoffbehälter	58 Liter Fassungsvermögen, davon 8 Liter Reserve
Gewicht (fahrfertig)	1285 kg
Zulässige Belastung	440 kg
Spurweite	Vorn 1322 mm, hinten 1408 mm
Größte Länge	4730 mm
Größte Breite	1780 mm
Größte Höhe	1530 mm
Radstand	2835 mm
Bodenfreiheit belastet	180 mm
'endekreisdurchmesser	11 m
Höchstgeschwindigkeit	145 km/st
Geschwindigkeit in en einzelnen Gängen:	1. Gang 40 km/st 2. Gang 70 km/st 3. Gang 110 km/st 4. Gang 145 km/st
Steigfähigkeit max.:	4. Gang 8% 2. Gang 26% 3. Gang 15% 1. Gang über 35%
ftstoff-Normverbrauch	8,8 ltr/100 km ermittelt nach DIN 70030

nderung von Konstruktion und Ausstattung vorbehalten.

1 Lenkgetriebe mit leichtgängiger, zielsicherer Präzisions-Lenkung. Unübertroffene Lenkfähigkeit in jeder Kurvenlage. 2 Vollschutzrahmen aus starkwandigen, stählernen Kasten- und Rohrprofilen von höchster Festigkeit. 3 Dreipunktgelagerte Hinterachse mit Hypoidantrieb, Drehstabfederung und Teleskop-Stoßdämpfern. Keine Spur- und Sturzveränderung. 4 Leistungsstarker, hochelastischer 72 PS-Sechszylinder-Viertaktmotor größter Wirtschaftlichkeit mit Register-Vergaser. 5 Einstellbare Drehstäbe für besonders anpassungsfähige Federungs-Charakteristik. Grundlage für überragende Bodenhaftung, Sicherheit und Straßenlage. 6 Geräuschloses, vollsynchronisiertes Vierganggetriebe mit hydraulisch betätigter Kupplung.

BAYERISCHE MOTOREN WERKE AG MÜNCHEN

Oben: Die schwere Karosserie ruhte auf einem stabilen „Vollschutzrahmen", was BMW als großen Sicherheitsfaktor herausstellte.

Beim rund 1500 Mark billigeren Typ 501 B mußte man mit einfacheren Sitzbezügen und weniger Chromschmuck leben.

In Frankfurt wurde 1955 eine Ausführung des BMW V8 mit 3,2 Liter Hubraum vorgestellt.

HOCHWERTIGKEIT UND SICH

Um ein vollkommenes Urteil über die Sonderstellung des BMW 502 V 8 zu gewinnen, muß man ihn »erleben«. Hochelastisch über den gesamten Geschwindigkeitsbereich von 20 km/st. bis in die Spitze im direkten Gang, kennt dieser dezent-formvollendete Wagen dank seiner hervorragenden Fahreigenschaften weder im Straßenkontakt noch in der Kurvenfestigkeit Kompromisse. Kurven und Bodenwellen scheinen sich zu begradigen, Hügel und Berge einzuebnen. In unvergleichlicher Spurtreue »schluckt« er reaktionslos alle Unebenheiten der Fahrbahn, stets gewärtig, in jeder Bewegungsphase dem leisesten Hebeldruck feinfühlig zu folgen.

BMW 502 V8

2,6 Liter *3,2 Liter*

Ideale Sicht durch die breite Panoramascheibe des Rückfensters

…HEIT SIND BMW TRADITION

Der motorischen Dynamik und der unbedingten Verläßlichkeit entspricht der ästhetische Schnitt der strömungsgünstigen Karosserie sowie der Vollkommenheit des Fahrkomforts. Vom formschönen, übersichtlich gegliederten Armaturenbrett aus Edelholz bis zum breiten Panoramafenster, von der vollendeten Linienführung bis zur Behaglichkeit der gediegenen Innenausstattung bestätigt jede Einzelheit die geglückte Synthese von durchdachter Form und fortschrittlicher Technik. Der BMW 502 Achtzylinder ist ein Wagen für den anspruchsvollen Kenner.

Besonders gemütlich war es im Fond mit drei Armstützen. Der Kofferraum genügte aber nur mittleren Ansprüchen.

BMW SUPER 8

Der eleganten, wertvollen, niemals aufdringlichen äußeren Erscheinung des BMW 3,2 entspricht der Innenraum. Das geschmackvolle Armaturenbrett mit runden Anzeigegeräten und eingebauter elektrischer Zeituhr ist in Edelholz ausgeführt und mit feinem Leder gepolstert. Die hochwertigen Instrumente liegen im Blickfeld des Fahrers. Die Bedienungshebel sind ausschließlich so angebracht, wie es die Sicherheit erfordert. Die schaumgummigepolsterten Sitze — der Fahrersitz ist mit Rücksicht auf Fahrgefühl und -konzentration etwas härter gepolstert — bieten neben großer Bequemlichkeit schmiegsam festen Halt, die Voraussetzung für ermüdungsfreies Fahren.

Drei klappbare Armlehnen verwandeln die Hintersitze in ideale Ruhesessel. Die Lehnen der Vordersitze sind mit einem Griff, auch während der Fahrt, in die bequemste Stellung zu bringen. Die leicht regulierbare Heizungs- und Belüftungsanlage vermittelt zu jeder Jahreszeit die richtige Innentemperatur.

Der beleuchtete, sehr tiefe Kofferraum hat ein großes Fassungsvermögen. Fünf große Koffer und kleines Reisegepäck sind mühelos unterzubringen.

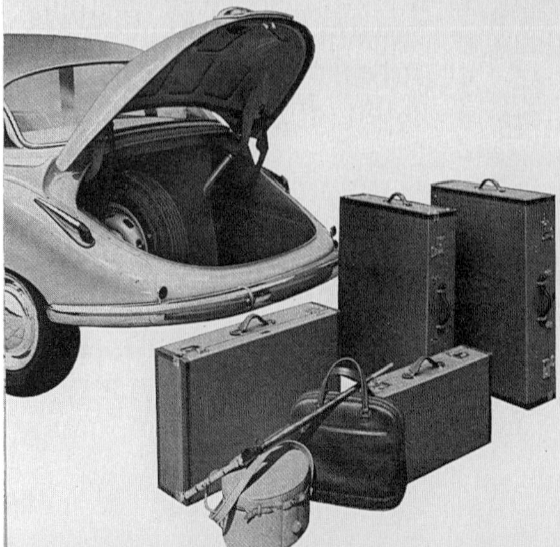

1958 war der Bau der Sechszylindermodelle offiziell eingestellt worden. Die Verkäufe der V8-Wagen erreichten 1959 mit 1698 Einheiten einen letzten bescheidenen Höhepunkt.

Mit dem BMW 507, dessen Karosserielinien von dem Designer Albrecht Graf Goertz gezeichnet waren, erschien eines der exklusivsten Automobile auf dem deutschen Markt. Der rassige, an die 220 km/h schnelle Roadster kostete 26.500 Mark und wurde in nur 252 Exemplaren hergestellt.

Das Non-plus-ultra für viele BMW-Liebhaber: Das von 1955 bis 1959 gebaute Modell 507 mit V8-Motor. Auf den Prospektfotos posierten Deutschlands bestbezahlte Mannequins, während auf den gezeichneten Wagen die Luftauslässe ein wenig zu groß geraten waren, ebenso die Räder…

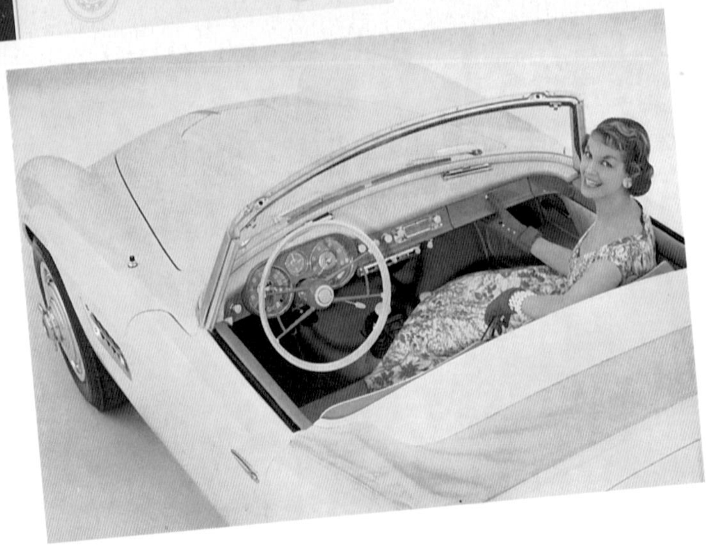

In natura waren die Proportionen des BMW 507 sehr viel ausgewogener. Dieses Motiv ziert den heute unter Sammlern wohl begehrtesten Prospekt jener Jahre, der auch die Limousinen sowie das Modell 503 zum Inhalt hat.

Zugleich mit dem 507 Roadster stellte BMW 1955 den Typ 503 vor, der als Cabriolet und Coupé gebaut wurde. Mit einem Preis von 29.500 Mark war dieser Zwei-plus-zwei noch teurer als der 507, hatte jedoch den gleichen V8-Motor von 150 PS wie jener unter der Haube.

BMW

Innerhalb von fünf Jahren konnten vom BMW 503 Cabriolet und Coupé 413 Stück verkauft werden. Gerade deswegen gehört der Wagen zu den besonders gesuchten Liebhaberstücken.

ZAHLEN UND WERTE DES BMW 503 3,2 LITER CABRIOLET UND COUPÉ

Motorart	8-Zylinder Viertakt V-Motor 90° Zylinder-Winkel mit nassen Zylinderbüchsen
Motorleistung	140 PS bei 4800 U/min.
Max. Drehmoment	22,6 mkg
Bohrung	82 mm
Hub	75 mm
Hubraum	3168 ccm
Verdichtungsverhältnis	7,5 : 1
Ventile	parallel hängend im Zylinderkopf
Ventilbetätigung	durch Stößel, Stoßstangen und Kipphebel, mit Temperaturausgleich
Kolben	Leichtmetall-Vollschaftkolben
Vergaser	2 Doppelfallstromvergaser mit Starthilfsvergaser
Ölkühlung	Wärmeaustauscher im Kühlwasser des Zylinderblocks
Getriebe	Geräuscharmes 4-Gang-Getriebe unter den Vordersitzen, mit schrägverzahnten Rädern und Sperrsynchronisierung in allen Gängen
Getriebeübersetzung	1. Gang 3,54 : 1 2. Gang 2,202 : 1 3. Gang 1,395 : 1 4. Gang 1 : 1 Rückwärtsgang 5,03 : 1
Schaltung	Lenksäulenschaltung
Hinterachsübersetzung	3,9 : 1 (Serie) oder 3,42 : 1 auf Wunsch
Rahmen	Vollschutz-Kastenrahmen mit starken Rohrquerträgern mit Aufbau verschweißt
Vorderachse	Einzelradaufhängung mit Radführung oben und unten durch Dreieckslenker, in Gummi gelagert, einstellbaren Drehstäben, Teleskop-Stoßdämpfern
Hinterachse	Banjo-Achse mit Hypoidantrieb, Federung durch zwei einstellbare Drehstäbe und zwei Teleskop-Stoßdämpfer
Bereifung	6,00 — 16" Racing
Lenkung	Spielfreies Kegelradgetriebe
Fußbremse	Hydraulische Vierrad-Bremse, vorn Duplex, hinten Simplex, mit selbsttätiger Bremsbackennachstellung Gesamt-Bremsfläche 1300 qcm
Handbremse	wirkt mechanisch auf Hinterräder
Bremstrommel	284 ø, Grauguß stark verrippt
Kraftstoffbehälter	hinter der Hinterachse, ca. 75 Liter Fassungsvermögen
Gewicht fahrfertig	ca. 1460 kg
Zulässige Belastung	4 Personen + Gepäck
Spurweite	vorn ca. 1400 mm, hinten 1420 mm
Radstand	2835 mm
Größte Länge	4740 mm
Größte Breite	1700 mm
Größte Höhe (besetzt)	1395 mm
Wendekreis	ca. 11 m ø
Höchstgeschwindigkeit	ca. 190 km/h
Geschwindigkeit in den einzelnen Gängen bei Serien-Hinterachsübersetzung	1. Gang 50 km/h, 2. Gang 85 km/h, 3. Gang 130 km/h
Steigfähigkeit bei Serien-Hinterachsübersetzung	4. Gang 13% 3. Gang 19% 2. Gang 30% 1. Gang über 45%
Aufbau	2/2sitziges Cabriolet oder Coupé
Serien-Zubehör	Elektro-hydraulische Verdeck- und Fenster-Betätigung 2 Nebelscheinwerfer, fest eingebaut Heizung und Lüftung mit groß dimensioniertem elektr. Gebläse reichhaltiger Werkzeugkasten 1 Reserverad
Sonder-Zubehör	Hydrovac-Bremsverstärker Becker-Auto-Radio-Anlage mit automatischem Stationssucher Scheibenräder mit Zentral-Schnellverschluß Hinterachsübersetzung 1 : 3,42 Sealed-Beam Scheinwerfer Automatische Kupplungsbetätigung „Kupplomat" Scheibenwasch-Anlage Getriebe mit stärkerer Gangabstufung 3,78/2,35/1,49/1 : 1

Änderungen von Konstruktion und Ausstattung vorbehalten

Die Bremer Firma Borgward war eine der ersten, die unmittelbar nach dem Kriege wieder auf dem Markt erschien, zuerst mit Lastwagen, ab 1949 auch mit Personenwagen. Der pontonförmige Vierzylinder 1500 galt damals als ultramodern, und auch der nachfolgende Sechszylinder 2400 bestach durch seine mutige Stromlinienform.

Titelseite eines Kataloges für den Borgward Hansa 2400 von 1953. Viele emfanden die Pontonkarosserie als ein wenig zu plump…

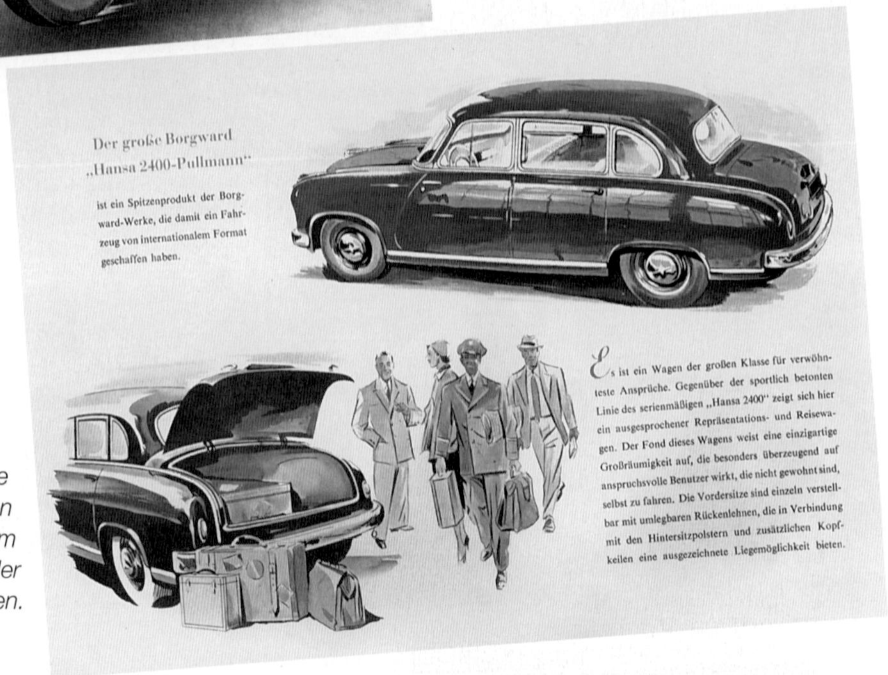

…weswegen sie sich lieber für die Stufenheck-Version »Pullman« entschieden (2500 Mark Aufpreis). Als Konkurrenz zum Mercedes-Benz 300 vermochte sich der Große Borgward aber nicht durchzusetzen.

1955 erschien das Nachfolgemodell des Borgward Hansa 2400 in stilistisch überarbeiteter Form, und 1957 gab es noch einmal eine Änderung am Sechszylindermotor. Nur wenige dieser Fahrzeuge haben die Wirren der Zeit überlebt.

Weißwandreifen, Andeutungen von Heckflossen, jede Menge Drucktasten im Elfenbeinlook am Armaturenbrett: Der 2400 Pullman entsprach in allen Einzelheiten dem typischen Bild jener Jahre von einem Luxusautomobil.

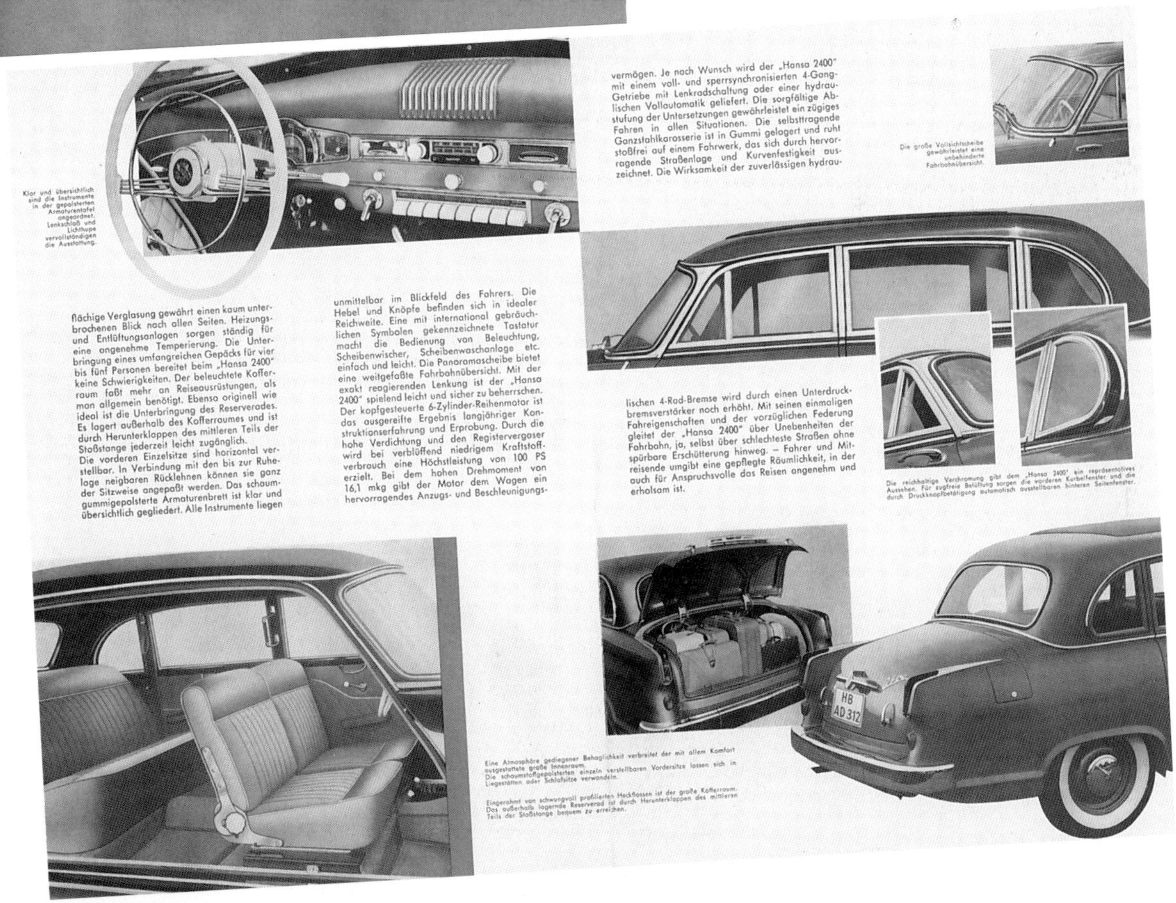

Klar und übersichtlich sind die Instrumente in der gepolsterten Armaturentafel angeordnet. Lenkschloß und Lichthupe vervollständigen die Ausstattung.

flächige Verglasung gewährt einen kaum unterbrochenen Blick nach allen Seiten. Heizungs- und Entlüftungsanlagen sorgen ständig für eine angenehme Temperierung. Die Unterbringung eines umfangreichen Gepäcks für vier bis fünf Personen bereitet beim „Hansa 2400“ keine Schwierigkeiten. Der beleuchtete Kofferraum faßt mehr an Reiseausrüstungen, als man allgemein benötigt. Ebenso originell wie ideal ist die Unterbringung des Reserverades. Es lagert außerhalb des Kofferraumes und ist durch Herunterklappen des mittleren Teils der Stoßstange jederzeit leicht zugänglich.
Die vorderen Einzelsitze sind horizontal verstellbar. In Verbindung mit den bis zur Ruhelage neigbaren Rücklehnen können sie ganz der Sitzweise angepaßt werden. Das schaumgummigepolsterte Armaturenbrett ist klar und übersichtlich gegliedert. Alle Instrumente liegen unmittelbar im Blickfeld des Fahrers. Die Hebel und Knöpfe befinden sich in idealer Reichweite. Eine mit international gebräuchlichen Symbolen gekennzeichnete Tastatur macht die Bedienung von Beleuchtung, Scheibenwischer, Scheibenwaschanlage etc. einfach und leicht. Die Panoramascheibe bietet eine weitgefaßte Fahrbahnübersicht. Mit der exakt reagierenden Lenkung ist der „Hansa 2400“ spielend leicht und sicher zu beherrschen. Der kopfgesteuerte 6-Zylinder-Reihenmotor ist das ausgereifte Ergebnis langjähriger Konstruktionserfahrung und Erprobung. Durch die hohe Verdichtung und den Registervergaser wird bei verblüffend niedrigem Kraftstoffverbrauch eine Höchstleistung von 100 PS erzielt. Bei dem hohen Drehmoment von 16,1 mkg gibt der Motor dem Wagen ein hervorragendes Anzugs- und Beschleunigungsvermögen. Je nach Wunsch wird der „Hansa 2400“ mit einem voll- und sperrsynchronisierten 4-Gang-Getriebe mit Lenkradschaltung oder einer hydraulischen Vollautomatik geliefert. Die sorgfältige Abstufung der Untersetzungen gewährleistet ein zügiges Fahren in allen Situationen. Die selbsttragende Ganzstahlkarosserie ist in Gummi gelagert und ruht stoßfrei auf einem Fahrwerk, das sich durch hervorragende Straßenlage und Kurvenfestigkeit auszeichnet. Die Wirksamkeit der zuverlässigen hydraulischen 4-Rad-Bremse wird durch einen Unterdruckbremsverstärker noch erhöht. Mit seinen einmaligen Fahreigenschaften und der vorzüglichen Federung gleitet der „Hansa 2400“ über Unebenheiten der Fahrbahn, ja, selbst über schlechteste Straßen ohne spürbare Erschütterung hinweg. – Fahrer und Mitreisende umgibt eine gepflegte Räumlichkeit, in der auch für Anspruchsvolle das Reisen angenehm und erholsam ist.

Die große Vollsichtscheibe gewährleistet eine unbehinderte Fahrbahnübersicht.

Die reichhaltige Verchromung gibt dem „Hansa 2400“ ein repräsentatives Aussehen. Für zugfreie Belüftung sorgen die vorderen Kurbelfenster und die durch Druckknopfbetätigung automatisch ausstellbaren hinteren Seitenfenster.

Eine Atmosphäre gediegener Behaglichkeit verbreitet der mit allem Komfort ausgestattete große Innenraum.
Die schaumstoffgepolsterten einzeln verstellbaren Vordersitze lassen sich in Liegestätten oder Schlafsitze verwandeln.

Eingerahmt von schwungvoll profilierten Heckflossen ist der große Kofferraum. Das außerhalb lagernde Reserverad ist durch Herunterklappen des mittleren Teils der Stoßstange bequem zu erreichen.

BORGWARD

Mit der 1954 bis 1961 gebauten Isabella sicherte sich Borgward einen hohen Anteil an der automobilen Mittelklasse. Die Autos waren leistungsstark, qualitätvoll verarbeitet und galten als sehr zuverlässig.

Technische Daten

Motor

4 Zylinder in Reihe
Dreipunktaufhängung in Gummi
Hubvolumen 1493 ccm
Bohrung 75 mm, Hub 84,5 mm
Verdichtung 1:7
60 PS
Max. Drehmoment 11 mkg
mech. Benzinpumpe
Wasserkühlung mit Thermostat und Pumpe
Fallstromvergaser Solex PJCB
Panzerventile hängend
Elektr. Anlage 6 V, Batterie 84 Ah

Isabella TS, de Luxe, Coupé*)

Verdichtung 1:8,2
75 PS
Max. Drehmoment 11,6 mkg
Registervergaser Solex PAJTA

Kupplung und Getriebe

Hydr. Einscheiben-Trockenkupplung
Lenkrad-Schaltung
4 vollsynchr. Vorwärtsgänge
1 Rückwärtsgang
Untersetzungen:
1. Gang 3,86 – 2. Gang 2,15 – 3. Gang 1,36 – 4. Gang 1
Steigfähigkeit im 1. Gang ca.
Isabella 40%; TS 42%;
Combi 32%

Fahrwerk, Lenkung Reifen, Bremsen

Selbsttragende Ganzstahlkaross.
vorn Einzelradaufhängung
hinten Pendelachse
Einzeldruckschmierung
Vorn und hinten Schraubenfedern und Teleskopstoßdämpfer
hypoidverzahnt. Hinterachsantr.
Untersetzung 1:3,9
ZF-Rollensegment-Lenkung
Wendekreis 11 m
Reifen 5,90x13, schlauchlos
Hydraulische Vierradbremse
Überdimensionierte Bremsfläche 744 qcm
Mechanische Handbremse

Leistung und Verbrauch

Isabella

Spitzengeschwindigkeit ca. 130 km/h
Kraftstoffverbrauch nach DIN 70030 9,1 l/100 km
(Prüfgeschwindigkeit 98 km/h

Isabella TS, de Luxe, Coupé*)

Spitzengeschwindigkeit ca. 150 km/h
Kraftstoffverbrauch nach DIN 70030
9,2 l/100 km
(Prüfgeschwindigkeit 110 km/h)

Innenraum

Isabella

Sitzbreite von Tür zu Tür
vorn 1,48 m hinten 1,48 m
Frischluft-Heizung
Defroster

Isabella TS*)

kombinierte Flachfeder- und Gummihaarpolster
vorn Einzelsitze mit Schlaflehnen
Frischluft-Heizung
Defroster
Standheizung

de Luxe, Coupé*)

Kombinierte Flachfeder- und Schaumgummipolster
Einzelsitze mit Schlaflehnen
Frischluft-Heizung
Defroster
Standheizung
Scheibenwaschanlage
Lichthupe
asymm. Abblendlicht

Abmessungen und Gewichte

Isabella TS, de Luxe

Leergewicht ca. 1045 kg
zul. Gesamtgewicht ca. 1410 kg
Länge 4400 mm
Breite 1760 mm
Höhe 1500 mm unbel.
Radstand 2600 mm
Spurweite vorn 1346 mm
Spurweite hinten 1370 mm
Bodenfreiheit 175 mm

Coupé*)

Länge 4400 mm
Breite 1730 mm
Höhe 1380 mm unbel.
Leergewicht ca. 1100 kg
zul. Gesamtgewicht ca. 1410 kg

Isabella Combi*)

Leergewicht ca. 1130 kg
zul. Gesamtgewicht ca. 1700 kg
Laderaum innen:
Länge ca. 1580 mm
Breite ca. 1400 mm
Höhe ca. 915 mm

*) Abweichungen gegenüber der serienmäßigen Isabella-Limousine

Eine Variante der Isabella-Limousine war das Cabriolet auf gleicher Karosserie-Basis. Gebaut wurde dieses Fahrzeug bei der Kölner Firma Deutsch. Das TS Cabriolet kostete 12 535 Mark und war damit rund 4000 Mark billiger als der 190 SL.

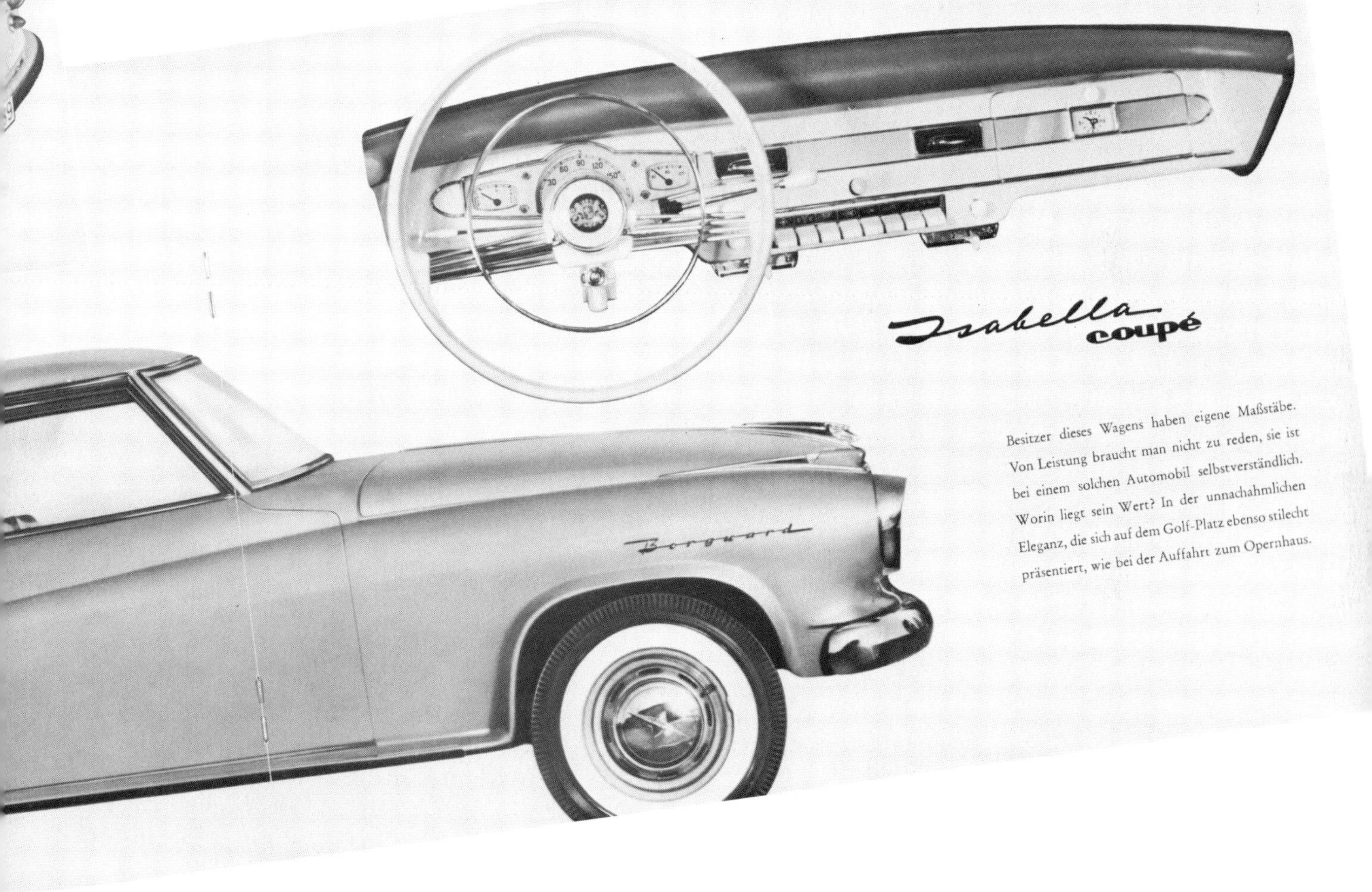

Egon Brütsch aus Stuttgart, ein ehemaliger Rennfahrer, schuf einige der originellsten Kleinstwagen der fünfziger Jahre. Die eiförmigen Kunststoffkarosserien waren Brütschs Spezialität, und vom Typ Zwerg gab es eine zweisitzige Variante. Solche Mobile entstanden in nur wenigen Exemplaren.

Zu den skurrilsten Brütsch-Schöpfungen gehörte zweifellos die 1956 präsentierte Rollera, ein Kunststoffeinsitzer mit drei Rädern und 98-ccm-Sachs-Motor. Mit 5,2 PS Leistung verhalf der Zweitakter der Rollera angeblich zu einer Spitzengeschwindigkeit von 80 km/h, wobei der reizenden Fahrerin sicher das Lächeln verging.

Burgfalke nannte sich die letzte Variante einer Brütsch-Konstruktion, die unter dem Namen Spatz zu gewisser Popularität gefunden hatte. Der Hersteller in der Oberpfalz, eigentlich auf Segelflugzeuge spezialisiert, konnte mit diesem Vogel jedoch nur noch eine Bruchlandung produzieren.

Nur unvollkommen hatte man für den Burgfalke-Prospekt die Abbildungen aus der Spatz-Werbebroschüre retuschiert. Deutlich ist das alte Markenzeichen noch unter der Bezeichnung FB 250 am Bug zu erkennen. Mit der Betonung der Sportlichkeit dieses Gefährts wurde angesichts einer tatsächlichen Motorleistung von nur 14 PS besonders dick aufgetragen.

CHAMPION

Wem es auf ein paar Hunderter nicht ankam, entschied sich in den fünfziger Jahren vielleicht für den Champion beziehungsweise Maico-Champion, wie sein Nachfolger hieß – ein „richtiges" Auto, dem ein größerer Erfolg dennoch versagt blieb. In 15 Produktionsjahren wurden insgesamt nur 5600 Stück gebaut.

Der Champion war eine Schöpfung des Ingenieurs Hermann Holbein, der zwischen 1948 und 1956 Kleinwagen mit 250, 400- und 450-ccm-Zweitaktmotoren baute. 1956 wurde aus dem Champion der Maico, den es bis 1958 zu kaufen gab..

Der Traum vom eigenen Auto ist für Jeden erfüllbar

Wer einen Maico-Champion fährt, muß seinen Gürtel nicht enger schnallen. Man braucht nicht so tief in die Tasche zu greifen, wie es Viele glauben. Die Unterhaltskosten sind gering. 41 Pfennig pro Tag kosten die Kfz.-Steuer und die Haftpflicht-Versicherung zusammen. Für einen Familien-Ausflug über 100 km zahlen Sie nur DM. 3.50.

Dieses elegante Sportcabriolet mit formschöner Ganzstahl-Pontonkarosserie ist selbstverständlich wetterfest. Vor Regen ist man vollkommen geschützt und im Sommer kann man die Sonne genießen, so wie man es gerne möchte. Schnell und leicht ist das Selbstfaltverdeck zu bedienen. Vorne haben zwei Personen bequem Platz. Die weiche Polsterbank ist behaglich wie ein Clubsessel. Auch im dicksten Mantel hat man die nötige Ellenbogenfreiheit, um sicher steuern zu können. Ein langer Beinraum macht die längste Fahrt zu einer erholsamen Reise. Auf den hinteren Sitzen können die Kinder mitgenommen werden, so daß die ganze Familie auf Reisen gehen kann. Ein Gepäckraum befindet sich unter der Vorderhaube.

Der Maico-Champion ist eine Klasse für sich. Nicht Jeder kann sich einen großen Wagen leisten. Aber Jeder möchte schnell und vor allem sicher fahren. Deshalb hat der Maico-Champion große Räder, die selbstverständlich gleichspurig sind. Mit den ölhydraulischen 4-Radbremsen kann der Wagen jederzeit sicher abgestoppt werden. Dieser sportlich schnelle Straßenflitzer benötigt aber auch solch gute Bremsen; denn wenn man den Fußgashebel durchdrückt, zeigt die Tachonadel bald 90 km/h. Die schweren Fernlaster können dem Champion-Fahrer also nicht mehr imponieren. Er fühlt sich auch beim Überholen dieser Ungetüme völlig sicher. Verstehen Sie jetzt, warum Maico einen besonders leistungsstarken 400 ccm Motor, der auch die nötige Kraftreserve für Überholmanöver besitzt, in diesen eleganten Kleinwagen einbaute? Der Motor leistet 15 PS bei 4000 U/Min.

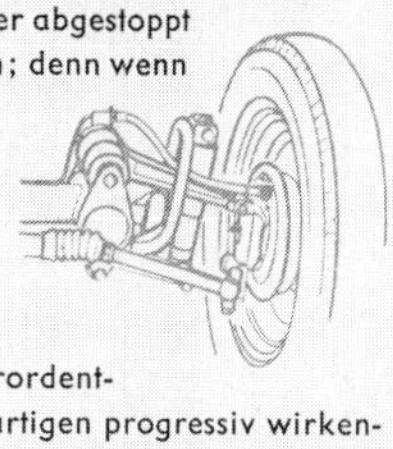

Das Chassis des Maico-Champion ist eine von Grund auf solide Konstruktion. Der außerordentlich stabile und verwindungssteife Zentralrohrrahmen gibt in Verbindung mit der neuartigen progressiv wirkenden Gummitorsionsfederung eine hervorragende Straßenlage. Die Federung kann auf jede Belastung eingestellt werden, so daß der Wagen hinten nie durchhängt. Alle Räder sind unabhängig voneinander aufgehängt. Der Maico-Champion besitzt Fahreigenschaften wie ein schwerer und teurer Wagen.

Der robuste wassergekühlte 2-Zylinder-2-Takt-Motor ist mit dem Getriebe, der Kupplung und dem Achsantrieb zu einem geschlossenen Block zusammengebaut und gut zugängig im Heck des Fahrzeuges untergebracht. Auch darauf sollten Sie besonders achten: ein Zweitaktmotor ist durch seinen einfachen Aufbau mit nur 3 bewegten Teilen – Kurbelwelle, Pleuel und Kolben – sehr wirtschaftlich. Das bedeutet geringen Verschleiß und lange Lebensdauer.

Der Maico-Champion ließ sich als 2+2-Coupé bezeichnen und war in seiner Konzeption vom Volkswagen inspiriert: Motor im Heck, Gepäckraum im Bug (hier befanden sich auch Kraftstofftank und Reserverad).

Die Cabrio-Limousine bietet zwei Personen reichlich und bequem Platz. Auf der hinteren Sitzbank können 2 Kinder oder entsprechendes Gepäck untergebracht werden. Gepäck kann ferner noch unter der vorderen Haube mitgenommen werden.

Der Einstieg ist von beiden Seiten bequem und der Fußraum vollkommen frei. Die verstellbare Vordersitzbank ist im bestgefederten Raum zwischen den Achsen angeordnet. Griffbereit zwischen den Sitzen liegen die Starter-, Schalt- und Handbremshebel. Das Verdeck ist mit einem Handgriff zu öffnen und zu schließen. Es werden nicht nur Dach- sondern auch Heckfläche frei. Einmalig für den Kleinwagen sind ganz zu öffnende Kurbelfenster, die eine zugfreie Belüftung gewährleisten.

Der hier gezeigte Typ 500 G hatte einen Zweizylinder-Zweitaktmotor von Heinkel mit 18 PS Leistung, der den kleinen Wagen auf 95 km/h beschleunigen sollte – laut Prospekt. Es gab sogar eine Kombiversion mit einem Heck in Stahl/Holz-Gemischtbauweise.

400 H u. 500 G

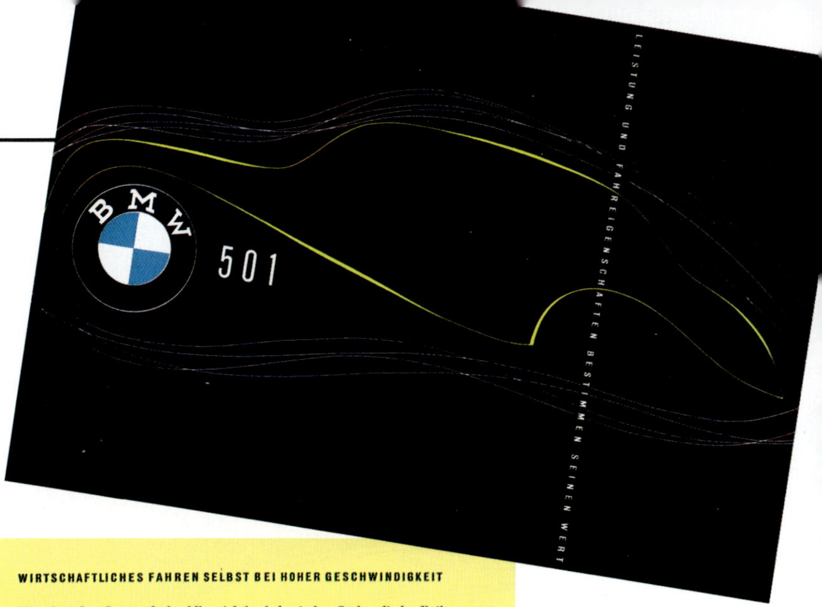

Bilder vom ersten großen, spiralgebundenen Katalog über den BMW 501 zum Produktionsbeginn des schweren Sechszylinderwagens. Stets wurde in den meisten BMW-Werbemitteln großer Wert auf sachliche Darstellung gelegt.

WIRTSCHAFTLICHES FAHREN SELBST BEI HOHER GESCHWINDIGKEIT

Ein über den Gesamtdrehzahlbereich hochelastischer Sechszylinder-Reihenmotor von 1971 ccm Hubraum mit hängend angeordneten Ventilen, der die Vorzüge tourenmäßiger und sportlicher Laufeigenschaften in sich vereint, dient als Kraftquelle. Die hochentwickelte Gestaltung des Verbrennungsraumes ergibt bei einer Verdichtung von 1:6,8 schon bei niederen Drehzahlen ein hohes Drehmoment. Die Anordnung des Doppelfallstromvergasers bewirkt bei größter Sparsamkeit eine ausgeglichene Gemischverteilung und selbst bei kältesten Wintertemperaturen gute Starteigenschaften. Durch die günstige Wahl der Hinterachsübersetzung in Verbindung mit der Windschlüpfigkeit der Karosserie liegen die Verbrauchswerte für den Zweilitermotor im allgemeinen nur wenig über 10 Liter auf 100 km bei durchschnittlicher Fahrweise. Nur in dem Bereich sehr hoher Reise-Durchschnitte steigert sich der Verbrauch bis auf 12 Liter/100 km. Die Gemischvorwärmung wird thermostatisch geregelt.

JEDER SCHALTVORGANG EINFACH UND LEICHT

Das Getriebe mit schrägverzahnten Rädern besitzt in allen vier Vorwärtsgängen Sperrsynchronisierung und verfügt über äußerste Laufruhe. Die Kupplung wird hydraulisch betätigt. Durch die Trennung des unter den Vordersitzen liegenden Getriebes vom Motor fällt der Getriebetunnel fort, das ergibt erhöhte Bequemlichkeit für die vorn sitzenden Fahrgäste. Die Getriebeschaltung erfolgt durch eine besonders leichtgängige, bequem im Griffbereich des Fahrers liegende Lenksäulenschaltung, die jede Scheu vor dem Schalten schwinden läßt und zu zügiger Fahrweise anregt.

Lüftung und Heizung waren bemerkenswert wirksam.

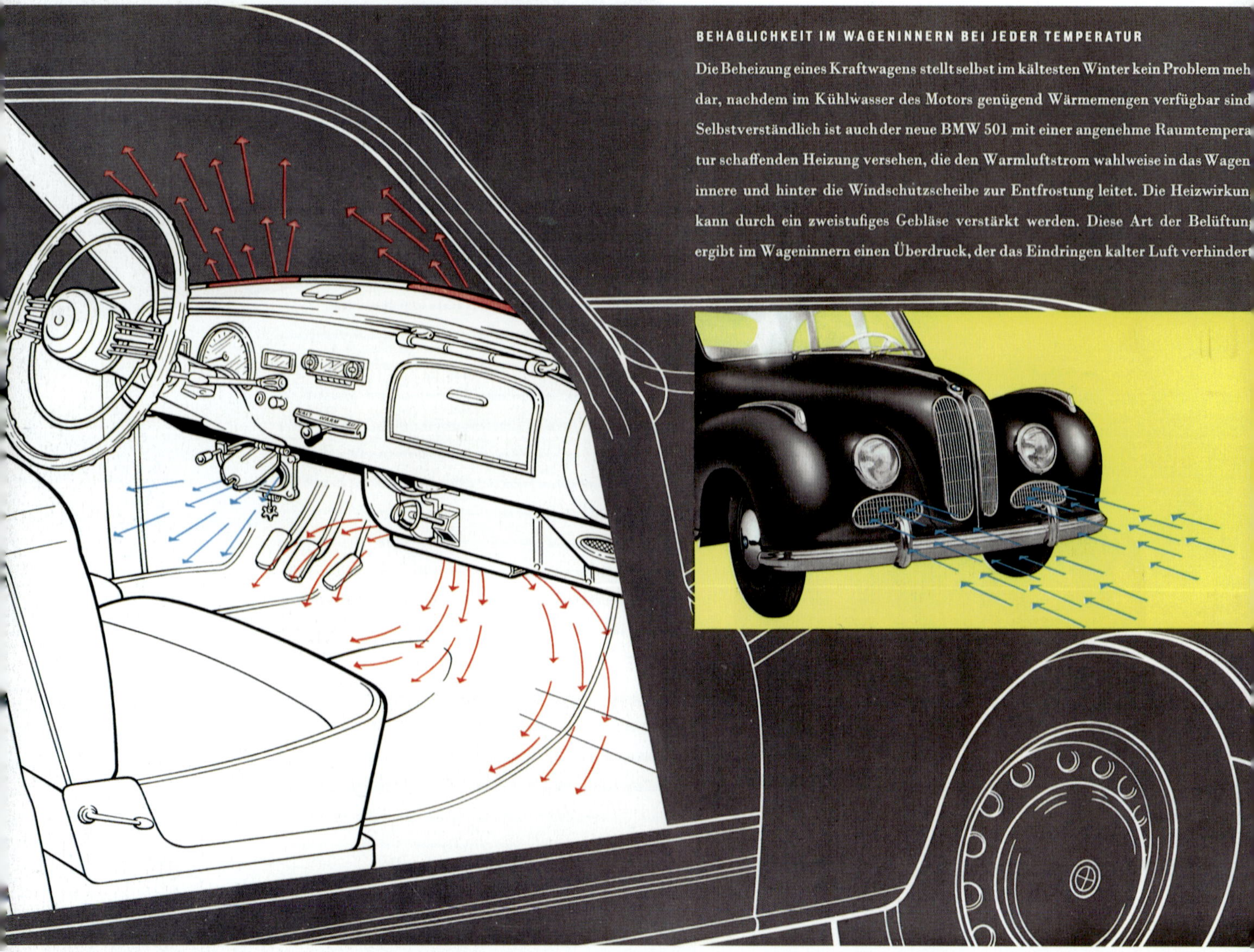

Sechs Personen konnten in der großen Limousine leicht Platz finden.

Weite Reisen . . .

werden dank der Bequemlichkeit des BMW 502 erlebnisreicher als bisher, ob man gemütlich einem Ferienziel entgegenbummelt oder beruflich unterwegs ist und unter Zeitnot steht. In dem einen Fall genießt man aus der behaglichen Geräumigkeit der sitztechnisch vollendet gestalteten Polstersitze heraus die Schönheiten der Landschaft. Andererseits ermöglicht er Reisedurchschnitte, die bislang nur ausgesprochenen Sportfahrzeugen vorbehalten schienen und vielfach mit erheblichem Komfortverzicht erkauft werden mußten. Welcher Art die Reise sein mag – man steigt abends so frisch aus dem Wagen, wie man morgens eingestiegen ist. Dabei liegen – trotz dieser in ihrer Vollkommenheit erstmaligen Kombination zwischen dem Komfort internationaler Klassewagen und sportlicher Fahrmöglichkeit – die Kraftstoff-Verbrauchswerte erstaunlich niedrig.

1955 entstand dieser ausnahmsweise sehr farbenfrohe und teuere Katalog für das Achtzylindermodell 502.

Die Pflicht zur Repräsentation ...

ist eine nicht immer angenehme Begleiterscheinung gesellschaftlichen oder wirtschaftlichen Erfolges. Häufig ist sie Last und bereitet nur selten jenes Vergnügen, das andere in ihr sehen mögen. Mit dem BMW 502 zu repräsentieren, bildet jedoch eine Ausnahme. Jeder, der uns im BMW fahren sieht, wird unseren sicheren Blick für erlesene Formschönheit und gediegene Qualität bewundern. Und wer unser Fahrgast ist, wird anerkennen, daß ein Optimum an Fahrkomfort und Leistung nicht mit übersteigerten Anschaffungskosten verbunden sein muß. Mehr noch – er wird, während die Tachometernadel zwischen 160 und 170 pendelt, gern bestätigen, was die Kritik bereits sagte: Eine der bisher glücklichsten Synthesen der Automobilbaukunst diesseits und jenseits des Ozeans! Der BMW 502 ist ein Wagen, mit dem man sich in exklusiven Kreisen sehen lassen kann.

Oben: In schwarzer Lackierung mit Weißwandreifen machte der 502 eine besonders repräsentative Figur; bemerkenswert auch die noch nach vorn öffnenden Fondtüren.

Titelblatt des umfangreichsten und schönsten Propektes für die BMW Achtzylindermodelle, herausgegeben 1958. Die Frontseite zeigt einen BMW 507. Rechts: Abbildung eines BMW 503.

A 3026

Wie Ostereier rollen die Isetten in der bereits überarbeiteten Version über das Blatt. Erkennbar sind die kleineren Scheinwerfergehäuse.

59
noch gefälliger
noch wirtschaftlicher
noch komfortabler
BMW
Isetta

Isetta 59
Noch gefälliger in der Form
Schon rein äußerlich gewinnt die Isetta durch den neuen, schwungvollen Schriftzug auf der Fronttür und die harmonisch angeordneten Luftschlitze.
Die kombinierte Kennzeichen-Bremsleuchte vollendet die gelungene Heckpartie. Eine neue Form der Radzierkappen vervollständigt vorteilhaft das äußere Bild.
H-D 210

BORGWARD ISABELLA

Ein bißchen verkrampft, dennoch lächelnd und vergnügt posieren Models mit dem (oder der?) Borgward Isabella TS. Weißwandreifen und viel Elfenbein-Look sind 1960 en vogue. Noch immer aktuell ist auch der Abblend-Fußschalter neben dem Kupplungspedal.

Jede Menge Reisegepäck geht in den Kofferraum der Isabella hinein, wie das Katalogbild beweist.

2400 Mark sollte der Champion 1950 kosten.

Die Auto Union war ab 1945 durch die innerdeutsche Grenze von ihren Stammwerken in Sachsen getrennt. In Ingolstadt und Düsseldorf wurde die Fertigung von Personenwagen 1950 wieder aufgenommen, und zwar nach konstruktiven Vorbildern der dreißiger Jahre. Der DKW mit Frontantrieb und Zweitaktmotor war recht populär und mußte erst 1966 dem Audi – mit Viertaktmotor – weichen.

Die Limousine

Die neue DKW - Meisterklasse

DM 5 830 ab Werk

Der neue DKW bedeutet nicht einen Schritt, er bedeutet einen Sprung vorwärts in der langen Entwicklungsgeschichte der weltbekannten DKW-Meisterklasse. Der neue DKW ist kein Kleinwagen. Seine Ganzstahlkarosserie bietet 4—5 Personen reichlich Raum, wobei auch für Knie- und Ellbogenfreiheit gesorgt ist. Durch Stromlinienform und Erhöhung der Motorleistung auf 23 PS ist er erheblich schneller und zugleich sparsamer geworden: über 100 km/st Höchstgeschwindigkeit — nur $6^1/_4$ l Normverbrauch! Und: Höchstgeschwindigkeit ist beim DKW gleich Dauergeschwindigkeit, selbst über längste Strecken, dank dem unverwüstlichen ventillosen DKW-Zweitaktmotor mit Wasserkühlung und Frischöl-Mischungsschmierung.

Das Bestechendste am neuen DKW ist wohl seine ausgezeichnete Straßenlage auch bei Höchstgeschwindigkeit. Frontantrieb und hinten die bewährte Schwebeachse verleihen ihm einzigartige Kurvensicherheit; Querfedern und hydraulische Stoßdämpfer nehmen alle Stöße auf. Duplex-Öldruck-Vierradbremsen erhöhen die Fahrsicherheit. — Bei der Innenausstattung verrät jedes Detail die liebevolle Sorgfalt, mit der bei DKW Gebrauchsfahrzeuge geschaffen werden: Armaturenbrett aus Edelholz, alle Bedienungshebel in Griffnähe, alle Kontrollorgane im Blickfeld des Fahrers, ferner beste Polsterung, zugfreie Entlüftung durch Seitenschwenkfenster, während der Fahrt verstellbare Vordersitze und vieles andere mehr, was den Fahrkomfort erhöht.

Der neue DKW ist aus der heute noch in aller Welt zu Hunderttausenden laufenden Meisterklasse folgerichtig weiterentwickelt. Er ist in zahllosen Versuchsfahrten härtesten Prüfungen unterzogen worden und hat bereits die Reife der erprobten Serie!

DKW-Zweitakt-Zweizylindermotor — 700 ccm — Umkehrspülung (Patent Schnürle) — Solexvergaser — Dreiganggetriebe (3 Vorwärtsgänge, 1 Rückwärtsgang) — Freilauf — Motor, Getriebe, Differential in einem Block.

Freier Blick durch das Zweispeichen-Lenkrad auf die reich ausgestattete Armaturentafel.

Verdeck mit wenigen Handgriffen zu öffnen und zu schließen, Seitenfenster völlig versenkbar.

Das Cabriolet

DM 7 585 ab Werk

Auch dieser frühe Meisterklasse-Prospekt weist auf das Cabriolet hin. Die Limousine kostete anfänglich 5830 Mark, das Cabrio 7585 Mark.

Einfach, aber überzeugend in der Darstellung und ausführlich in den technischen Einzelheiten — so gaben sich die DKW-Prospekte seit Anbeginn. Auch ein Karmann- bzw. Hebmüller-Cabriolet waren zu bekommen.

Technische Angaben und Abmessungen

MOTOR:

Zweizylinder-Zweitakt-Motor mit Umkehrspülung (Patent Schnürle), Thermosiphon-Wasserkühlung, Solex-Fallstromvergaser, Luftfilter mit Ansauggeräuschdämpfer, Mischungsschmierung.

ELEKTRISCHE ANLAGE:

6-Volt „Dynastart"-Anlage (Anlasser, Lichtmaschine, Verteiler, ein Aggregat), Direktantrieb durch Kurbelwelle.

KRAFTÜBERTRAGUNG:

Mehrscheibenkupplung im Ölbad, Dreigang-Getriebe, Freilauf. Motor, Getriebe, Differential in einem Block.

FAHRGESTELL:

Frontantrieb, Doppel-Profilrohrrahmen, achslos an Querfeder und Lenkern aufgehängte Vorderräder, hinten hochliegende Querfeder „Schwebeachse", 4 Öldruckstoßdämpfer, Zahnstangenlenkung mit Zweispeichen-Lenkrad.

BREMSEN:

Öldruck-Vierradbremse
Handbremse mit Seilzug.

MOTOR:	
Bohrung und Hub	76×76 mm
Hubraum	690 ccm
Leistung	23 PS
Verdichtung	1:6,3
FAHRZEUG:	
Radstand	2350 mm
Spur vorn	1190 mm
Spur hinten	1250 mm
Gesamtlänge	4200 mm
Gesamtbreite	1600 mm
Gesamthöhe	1450 mm
Gewicht	800 kg
Bereifung	5,00×16
Tankinhalt	32 l
Kühlwassermenge	8 l
Höchstgeschwindigkeit	100 km/h
Kraftstoff-Normverbrauch zuzügl. Öl im Mischungsverhältnis 1:25	6,25 l

Änderungen vorbehalten

AUTO UNION G. M. B. H.

1950

Der neue DKW Meisterklasse, im Düsseldorfer Werk der Auto Union hergestellt, war praktisch eine neue Auflage des DKW F8 von 1939, allerdings mit moderner Ganzstahlkarosserie. Es wurde auch ein attraktives Cabriolet angeboten, von dem es 5000 Stück gab; die Limousine brachte es auf 60.000 Exemplare.

In ihrer grafischen Klarheit waren die DKW-Prospekte der frühen fünfziger Jahre vorbildlich. Es bedurfte nicht vieler Worte, um die Vorzüge hervorzuheben. Bis Ende 1952 wurde der F 89 P insgesamt 59 475mal gebaut.

Als Luxus-Zweisitzer figurierten das Coupé und das zweisitzige Cabriolet. Das Coupé wurde bei Hebmüller in Wuppertal karossiert und kostete 9100 Mark. Das war viel Geld — man bekam dafür schon fast einen Opel Kapitän!

Der neue
DKW
UNIVERSAL
SCHLENZIG

darum DKW

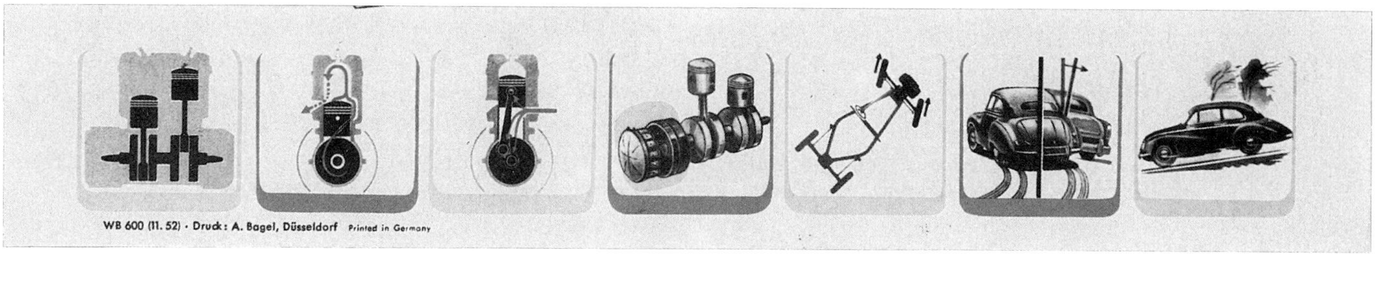
WB 600 (11. 52) · Druck: A. Bagel, Düsseldorf Printed in Germany

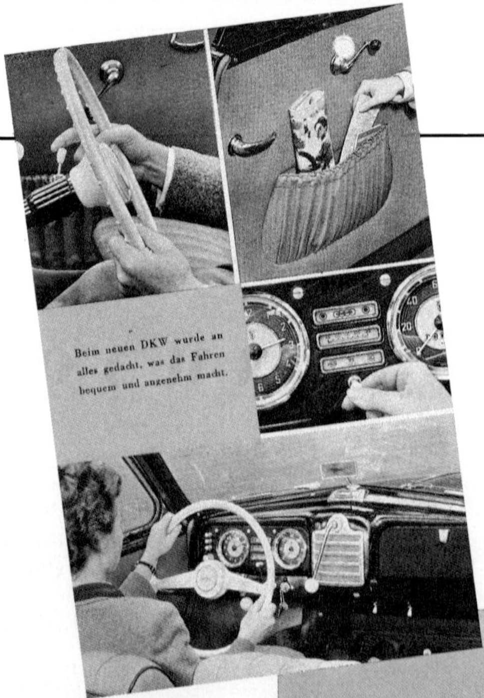

Seiten aus einem Cabriolet/Coupé-Prospekt. Der in der obigen Abbildung erkennbare Schalthebel im Armaturenbrett war mühelos und in Griffnähe zum Lenkrad zu bedienen.

Das Bild zeigt das auf Sachlichkeit abgestellte, formschöne Armaturenbrett mit dem leicht ovalen Lenkrad. Alle Bedienungshebel sind griffnahe – rechts an der Steuersäule die Hebel für die Schaltung und für die Blinkanlage, links der Hebel für Lichtschaltung mit der Lichthupe. Sämtliche Instrumente sind mit einem Blick zu erfassen. Eine Zeituhr und ein diebstahlsicherndes Lenkschloß gehören zur serienmäßigen Ausstattung.

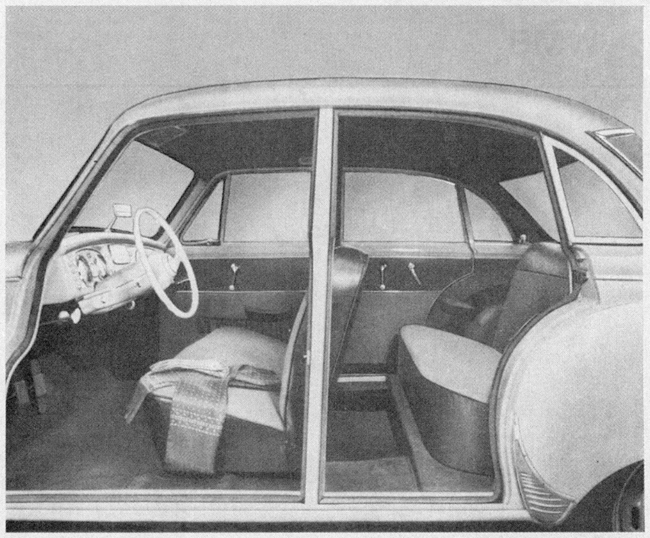

So geräumig ist die 4türige DKW-Reise-Limousine. Man sieht die zwei großen, durchgehenden, schaumgummigepolsterten Sitzbänke, von denen die vordere verstellbar ist. Deutlich erkennbar ist der durch keinen Kardantunnel beengte Fußraum beim frontangetriebenen DKW. Die vorderen und hinteren kleinen Seitenfenster sind ausstellbar und gestatten selbst bei hoher Geschwindigkeit zugfreie Be- und Entlüftung.

Werbung für den Viertürer (oben). Den F 91 Universal baute man noch weiterhin; Sein Preis war von 6600 auf 6185 Mark herabgesetzt worden. Erst im Juni 1957 wurde er vom 3=6 Universal abgelöst.

DKW-SONDERKLASSE-UNIVERSAL F 91

DKW-Dreizylinder-Zweitaktmotor mit Frischöl-Mischungsschmierung · 34 PS · 896 ccm · Thermosiphon-Wasserkühlung und Ventilator · Solex-Vergaser · DKW-Freilauf · Einscheiben-Trockenkupplung · Synchron-Getriebe Frontantrieb · Kastenprofilrahmen · Teleskop-Stoßdämpfer vorn u. hinten · Duplex-Öldruck-Vierradbremse

DKW-Sonderklasse-Universal mit Viergang-Sperrsynchrongetriebe	**DM 6185,—**
zuzüglich Heizung und Kühlerjalousie	DM 85,—
Auf Wunsch mit Schiebedach, Mehrpreis	DM 300,—

Für DKW-Personenwagen u. den DKW-Universal werden für Kraftfahrzeugbriefe und sonstige Gebühren 7,— DM berechnet · Preise freibleibend

Fordern Sie unsere Abzahlungsbedingungen

Änderungen vorbehalten

DKW=Sicherheit

Der grosse DKW 3=6

PREISLISTE

AUSGABE SEPTEMBER 1955

AUTO UNION G·M·B·H

Der grosse **DKW** 3=6

Wer Sonne und Luft beim Autofahren liebt, der wird in den eleganten und sportlichen 2- und 4sitzigen DKW-Cabriolets die Erfüllung seiner Wünsche finden. In diesen beiden Wagen vereinen sich der Komfort gediegener Ausstattung mit dem sportlichen Temperament des bekannten DKW-Dreizylinder-Motors zu vollkommener Harmonie. Die Linien und Formen dieser DKW-Cabriolets zeugen von wahrer Kultur; sie entsprechen bester europäischer Tradition. Wer sie fährt, findet seine hohen Ansprüche an Schönheit und Technik erfüllt. Alle Einzelheiten an diesen Modellen lassen die Sorgfalt erkennen, die ihre Besitzer erwarten. Die Cabriolets bieten zugleich die Vorzüge offener und geschlossener Wagen. In jeder Art repräsentieren sie ausgesprochene Eleganz und betont rassige Sportlichkeit. Trotz dieser sportlichen Note sind beide Wagentypen sehr geräumig und bieten viel Platz für alle Mitfahrenden und deren umfangreiches Reisegepäck. Beim 2sitzigen DKW-Cabriolet befindet sich hinter den Sitzen ein außergewöhnlich großer Raum, entweder für zusätzliches Reisegepäck oder aber für einen weiteren Mitfahrer. Zum leichten Einstieg

Das moderne Kühlergesicht des großen DKW 3=6. Die Titelseite zeigt das formschöne und schnittige 4sitzige DKW-Cabriolet.

Rechts: ein Blick auf die geschmackvolle und gediegene Innenausstattung des großen 4sitzigen DKW-Cabriolets.

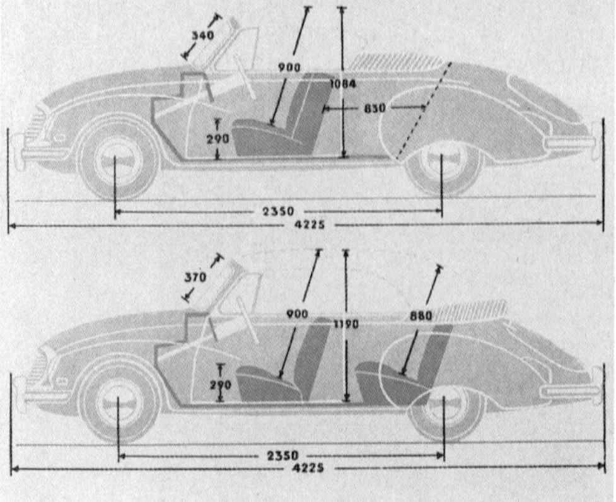

Eleganz der großen Welt: Werbung für den DKW F 94 (mit 40-PS-Motor und neuem Kühlergrill) im Frühjahr 1957.

AU 1000 S — ab August 1959 mit Panoramascheibe. Aus einem umfangreichen Farbprospekt.

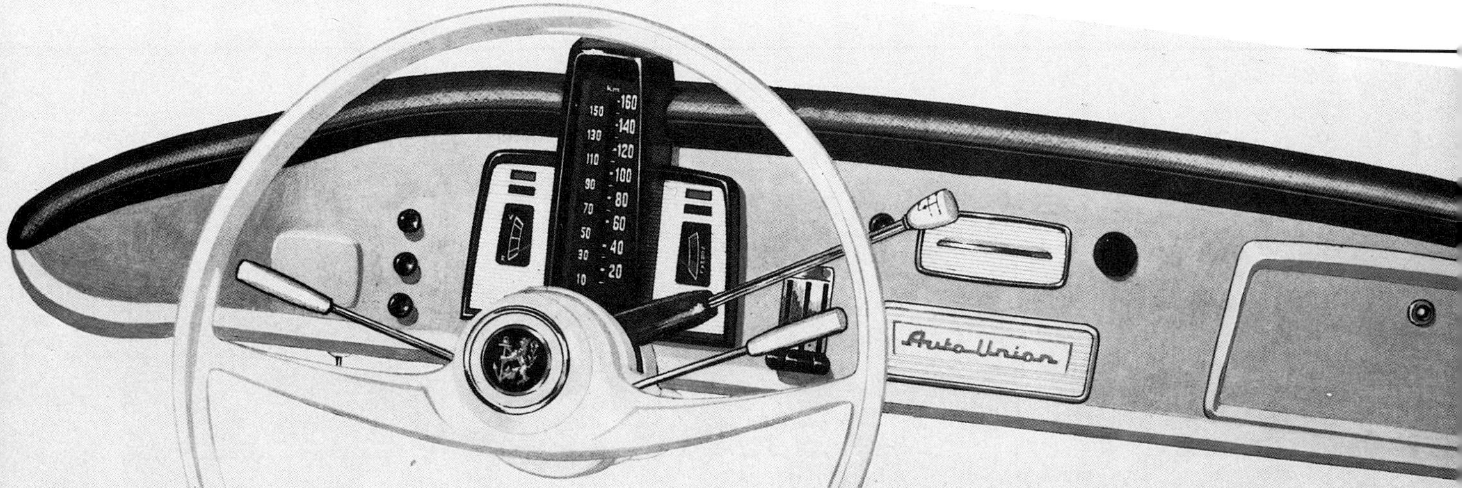

Sicherheit an erster Stelle - auch bei der Ausstattung

Formgestalter und Techniker haben bei diesem Automobil Hand in Hand gearbeitet. Jede Einzelheit beweist guten Geschmack. Jedes Detail dient aber auch Ihrer Sicherheit!

- Stoßelastisch das modern gestaltete Armaturenbrett – mehr Schutz für Fahrer und Mitfahrer.
- Versenkt die Lenksäule des neuen Tiefnabenlenkrades – weit genug von Ihrem Körper entfernt!
- In Ihrem Blickfeld die Tachosäule – Sie behalten Straße und Instrument gleichzeitig im Auge.
- Kein Türöffnen aus Versehen – Türgriff und Armstütze jetzt kombiniert in der neuen Sicherheits-Armlehne: beim Türöffnen wird sie hochgezogen, während der Fahrt wirkt sie als Sicherheitssperre!

Noch einfacher ist jetzt das Starten: nur eine Schlüsseldrehung im Zündanlaßschloß – schon springt der Motor an!

Ihr parkender Wagen ist stets genügend beleuchtet – dafür sorgen die Parkleuchten vorn und hinten, die Sie am Parklichtschalter wahlweise für die rechte oder linke Wagenseite einstellen können. Und „ungebetene Gäste" haben Fahrverbot – durch das serienmäßig eingebaute Lenkschloß!

Das sogenannte „Fieberthermometer", auf das man bei der auto Union sehr stolz war, kam aus dem Stylingbüro von Daimler-Benz. Doch die Tachosäule war nicht nach jedermanns Geschmack...

Ein früher Prospekt für das zweisitzige AU 1000 Sp Coupé.

Farbenfroher Katalog mit brillanten Sp-Illustrationen.

FORD

Ford, seit 1926 in Deutschland mit einem eigenen Werk (erst in Berlin, ab 1930 in Köln) vertreten, kam 1948 mit einer Neuauflage des Taunus („Buckeltaunus") heraus, dem 1952 der pontonförmige 12 M folgte. Als starke Konkurrenz zu Opel im Mittelklassesegment übten sich die Kölner wie ihre Wettbewerber aus Rüsselsheim immer wieder in raschem Modellwechsel.

Die Ford Taunus Standard-Limousine wurde zwischen 1948 und 1951 gebaut. Hauptkonkurrenten in dieser Klasse waren natürlich der VW und der Opel Olympia.

Der Ford Taunus De Luxe gab sein Debüt im Januar 1951. Er wurde von allen Seiten gelobt.

..wir nehmen den TAUNUS

Als 1952 der Ford 12M den Buckeltaunus ablöste, wurde mit ihm das erste Automobil einer ganz neuen Modellgeneration vorgestellt. Wegen seines Kühlerornaments auch „Weltkugel-Taunus“ genannt, verkörperte dieser moderne Vierzylinder ein sehr tragfähiges und erfolgreiches Konzept.

R ZEIT VORAUS

VIEL RAUM
UND VOLLE SICHT

Viel Raum und volle Sicht nach allen Seiten bietet der Taunus 12 M wie kaum ein anderer Wagen der Mittelklasse, schon deswegen wird er überall geschätzt. Seine großen Fenster gewähren einen unvergleichlichen Rundblick, den man insbesondere auf langen Fahrten voll genießt. In seinen Sitzen fühlt man sich wohl wie in erstklassigen Klubsesseln.

Wer Luft, Licht und Sonne vollkommener genießen will, wird den Taunus 12 M mit Schiebedach bevorzugen. Mit einer leichten Handbewegung ist es, auch während der Fahrt, zu öffnen und zu schließen. Alle Vorzüge der Limousine - insbesondere die Stabilität - bleiben dabei erhalten.

Die Linienführung der großen Ganzstahlkarosserie entspricht dem Formgefühl des modernen Menschen. Die wertvolle und dauerhafte Hochglanz-Metallic-Lackierung (Kunstharz-Einbrenn-Emaille!) - ein- oder zweifarbig in geschmackvollen Farbtönen - bringt die Schönheit des Taunus 12 M besonders zur Geltung.

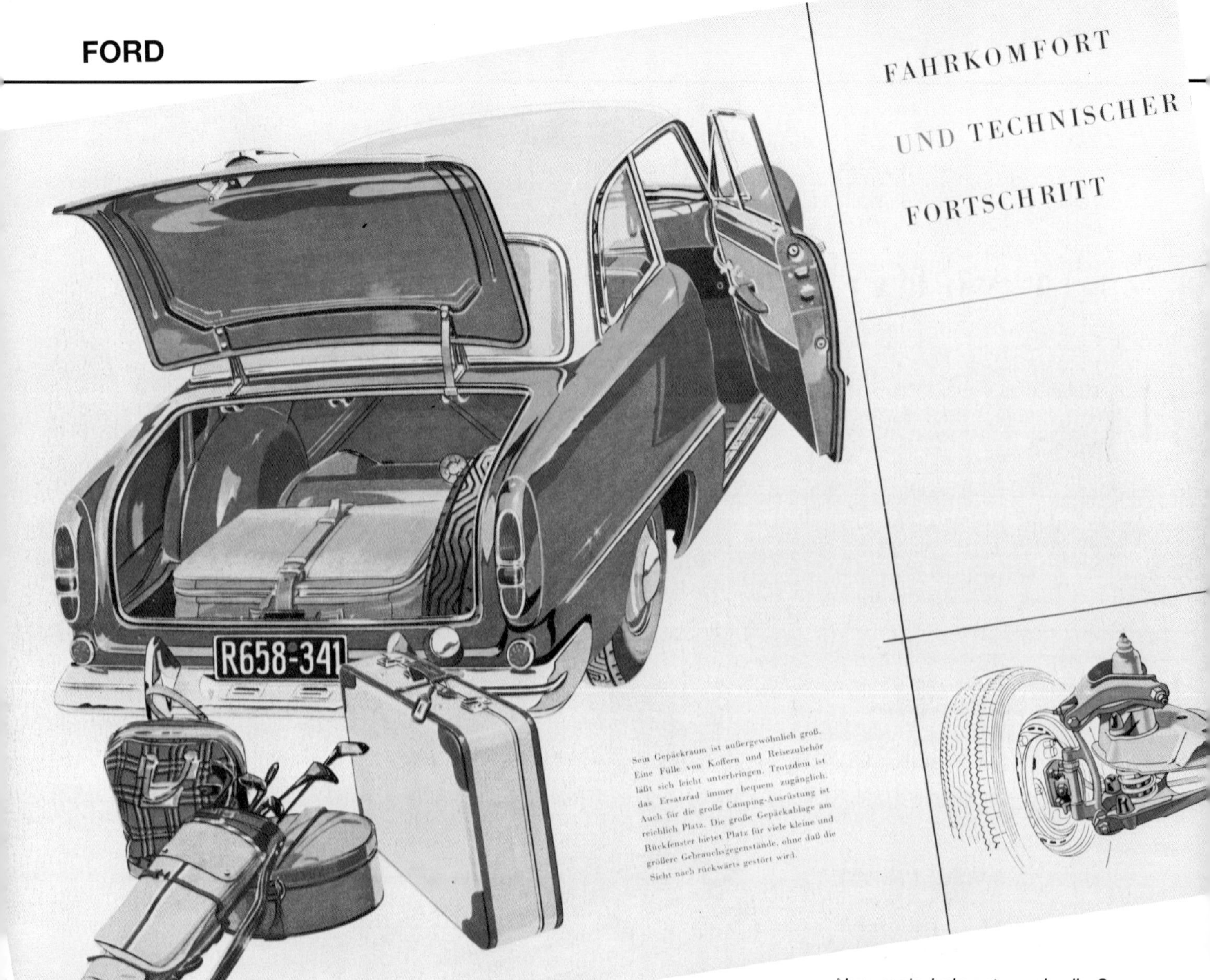

Nur wenig bekannt wurde die Sparversion des Ford Taunus — er hieß nur ,,12'' (ohne M) und entbehrte des Chromschmucks. Er hatte Knüppel- statt Lenkradschaltung.

Taunus 12 (ohne M): Für 6000 Mark viel Auto für's Geld (1953).

Oben: Der 15 M mit reichlichem Chromschmuck hatte auch einen Spitznamen. Spötter sprachen von einem ,,Dienstmädchen im Abendkleid''. Kein Kompliment - aber Chrom verkaufte sich gut!

Bis 1959 wurde die letzte Ford-Version mit der Weltkugel (ab 1957 mit modifiziertem Kühlergrill) gebaut.

FORD
TAUNUS
LIMOUSINE • KOMBI
12m

FORD
präsentiert
den neuen TAUNUS 12 M
Hier ist er – der neue Taunus 12 M: schöner und komfortabler als bisher . . . noch preiswerter, noch wirtschaftlicher.
In diesem Wagen wird das Fahren zur Freude. Sie können blitzschnell starten und zügig überholen. Und Sie werden überall bewundert: vor dem 12 M nimmt der Krabbenfischer in Büsum „de Piep" aus dem Mund – diesem Wagen folgen in Neapel anerkennende Pfiffe.
Der Taunus 12 M wurde für weite Reisen konstruiert. Und wer einen Taunus 12 M fährt, fährt einen Wagen, der ihn nicht belastet. Sein Verbrauch ist gering, in Pflege und Wartung ist er anspruchslos, die fixen Kosten sind überraschend niedrig.
Und der 12 M hält, was seine dynamische Form, sein sportliches Dach und sein breiter Grill versprechen: er ist
stark
modern
reisefreudig
TAUNUS
12m
H-AC 511

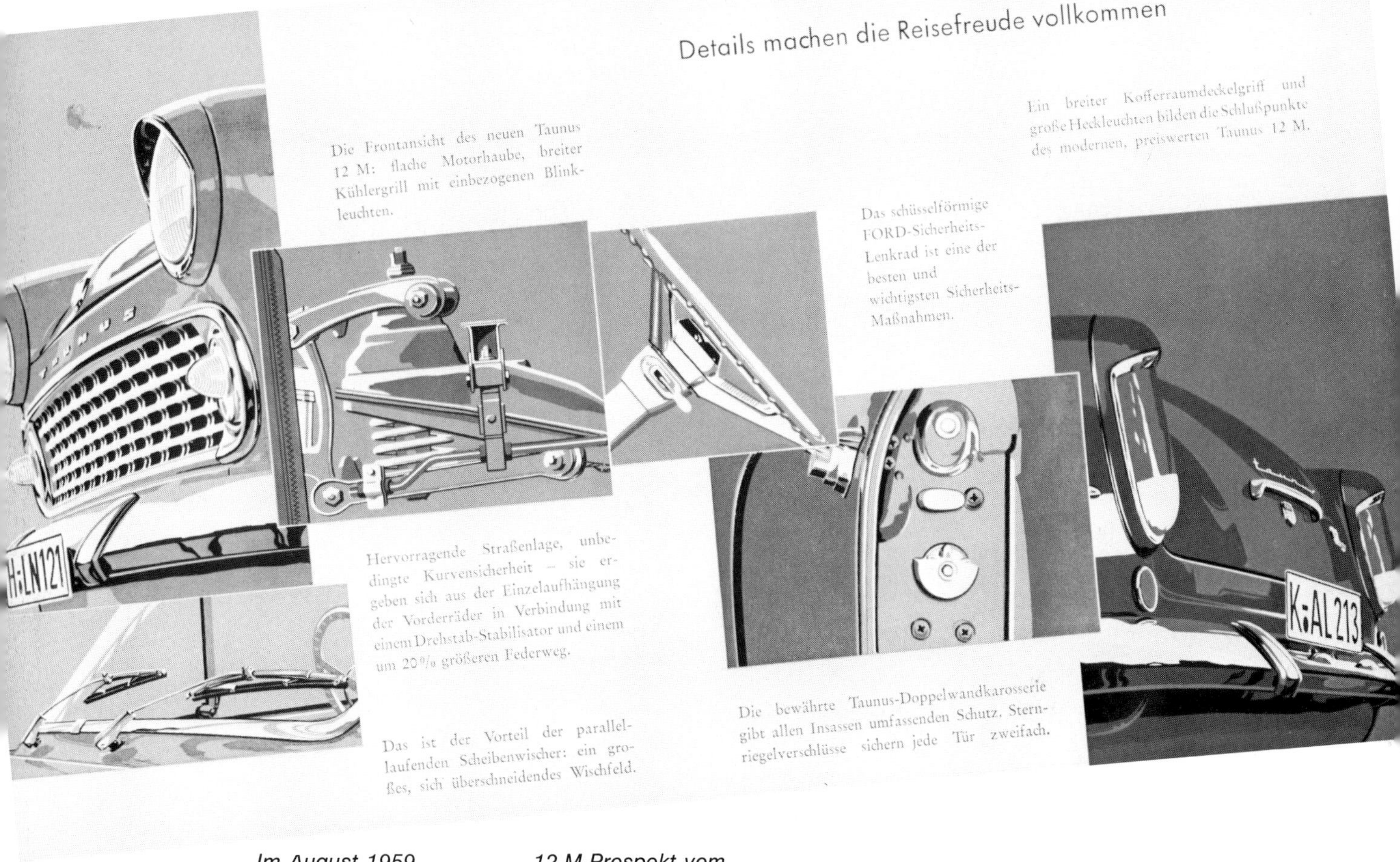

Im August 1959 überschien ein überarbeiteter 12 M. Die Frontpartie war verändert, die charakteristische Weltkugel zugunsten eines ,,modernen'' Gesichts eliminiert worden . . .

12-M-Prospekt vom Herbst 1959. Man erkennt, daß die Blinker jetzt im breiten Kühlergrill integriert wurden. Auch die Heckleuchten hatte man — dem Trend im Automobilbau folgend — vergrößert.

FULDA-MOBIL

● Das FULDA-MOBIL ist kippsicher, da der Schwerpunkt des Fahrzeugs tief
und an der erfahrungsgemäß günstigsten Stelle liegt.

● FULDA-MOBIL ist auf vielen Tausenden Versuchskilometern erprobt worden ·
Es hat sich auf schwierigen öffentlichen Zuverlässigkeitsfahrten bei verschlammten und
vereisten, schlechten Straßen in gebirgigem Gelände erfolgreich bewährt.

● **Warum Dreirad-Wagen?**

weil ein Wagen mit 3 Rädern, ähnlich wie ein Tisch mit 3 Beinen, auf unebenem
Boden immer fest steht und niemals, wie ein Tisch mit 4 Beinen, unsicher wackelt. Die
3 Räder des FULDA-MOBIL haften daher gleichmäßig auch auf einer gewölbten und
unebenen Fahrbahn;

weil drei Räder das teure Differential und dessen Nachteile bei Schnee und Glätte
vermeiden

weil das eine angetriebene Rad hinten, bei Bergauffahrt einen größeren Bodendruck
ausübt und dadurch das Rutschen verhindert

weil das in der Mitte angeordnete Antriebsrad sich auf die Lenkung der Vorderräder
günstig auswirkt

weil bei richtiger Anordnung der Sitze man mit 3 Rädern ebenso kippsicher wie mit
4 Rädern fährt

weil dadurch die Anschaffungs- und Abnutzungs-Kosten für die vierte Bereifung
erspart werden

weil bei 3 Rädern die geringste Verwindungsbeanspruchung des Fahrgestells und
der Karosserie, also kein Türklemmen und -klappern, auftritt

weil durch das eine Rad hinten, sich die Karosserie zwangsläufig verjüngt und eine
günstige Stromlinienform entsteht, was erhöhte Geschwindigkeit oder geringeren
Treibstoffverbrauch zur Folge hat.

● ABMESSUNGEN: Radstand 1800 mm · Spur 1200 mm · Länge 2850 mm · Breite
1400 mm · Höhe 1280 mm · Bodenfreiheit 200 mm · Gewicht 315 kg.

● MOTOR: Langjährig bewährter, startfreudiger 2 Takt-Einzylinder, 250 ccm, 8,5 PS.
Kühlung durch eingebautes Gebläse, wodurch Einfriergefahr entfällt. Der robuste
Motor ist gummigelagert und vom Wagen-Innern aus leicht zugängig.

● AUFBAU: Zentral-Einrohrrahmen mit eingeschweißten Quertraversen und Rad-
kästen. Auf ihnen ist das Holzgestell der Karosserie aufgebaut, das mit gehämmerten
Aluminiumblech verkleidet ist.

● AUSFÜHRUNG: Entweder sportlich offen, mit Verdeck und Seitenteilen, oder als
geschlossene Limousine mit Schiebefenster und Sonnendach. Beide Baumuster mit
2 verschließbaren Türen und gutem Einstieg.

● GETRIEBE: Fabrikat Hurth, hochwertige erprobte Ausführung, mit 3 Vorwärts- und
1 Rückwärtsgang, kurze Schaltstange mit Knopf in der Mitte des Wagens.

● VORDERACHSE: 2 gummigelagerte Pendelachsen, quer zur Fahrtrichtung mit dar-
über liegender Blattfeder.

● HINTERACHSE: Gummigelagerte Pendelachse, in Fahrtrichtung schleppend, mit
Schraubenfedern und hydraulischem Teleskop-Stoßdämpfer.

● RÄDER: Felgen 2,45–8″, Flachbett, geteilt, dadurch müheloses Aufziehen der
Bereifung, Abmessung: 4,00–8″, mit großem Luftkammerdurchschnitt, welcher zusam-
men mit der Federung ein weiches, ausgeglichenes Fahren, selbst auf nasser Straße
gewährleistet. Alle Räder sind gleich und gegeneinander auswechselbar.

● ELEKTR. ANLAGE: Bosch-Zündung. Anlasser 0,3 PS, welcher den Motor mit
Sicherheit anwirft. Bosch-Lichtmaschine 75 Watt, welche die reichlich bemessene 6 Volt-
Batterie, 50 Ah, gut auflädt. Bosch-Winkerblinkanlage. Starke Scheinwerfer mit je
25 Watt Glühlampen. Elektr. Horn.

Zu den Kleinstwagen der frühen Nachkriegszeit zählte das nach der Stadt seiner Produktion benannte Fulda-Mobil. Die Winzlinge entstanden in kleinen Serien zwischen 1960 und 1969 mit drei oder vier Rädern und wurden weitgehend von Hand hergestellt.

Mit drei Zylindern wartete ab März 1953 der Motor des neuen DKW Sonderklasse F 91 auf. Mit 6040 Mark war dieser Wagen nicht viel teurer als sein Vorgänger mit Zweizylindermotor.

Die große Camping-Welle der späten fünfziger Jahre schlägt sich in dieser gekonnten Illustration nieder. Man reiste in den Ferien vorzugsweise nach Italien, und der Universal war ein ideales Urlaubsauto!

TAUNUS
TAUNUS Spezial
B R 561-456

Gegenüberliegende Seite: Titel eines Prospektes für den Ford Taunus Spezial, der von 1949 bis 1952 gebaut wurde und die teurere Luxusversion des Buckeltaunus darstellte.

Die Weltkugel auf der Motorhaube gab es nicht bei jedem Ford Taunus 12 M, sondern nur bei den Modellen bis 1959. Dieser Prospekt ist der letzte für das Weltkugel-Auto.

Gegenüberliegende Seite: Werbung für das kleine Fulda-Mobil. Das Firmenzeichen NWF deutete auf die Lizenzversion der Nordwestdeutschen Fahrzeugbau GmbH in Wilhelmshaven hin (1954-55).

Die 1,5-Liter-Variante des 12 M gab es selbstverständlich auch in Kombiwagenausführung, ein Fahrzeug, das sehr gern gekauft wurde.

Ab 1959 gab es ein neues, modisches Attribut: An den Flanken wies der 12 M einen auffälligen, hell lackierten Streifen auf.

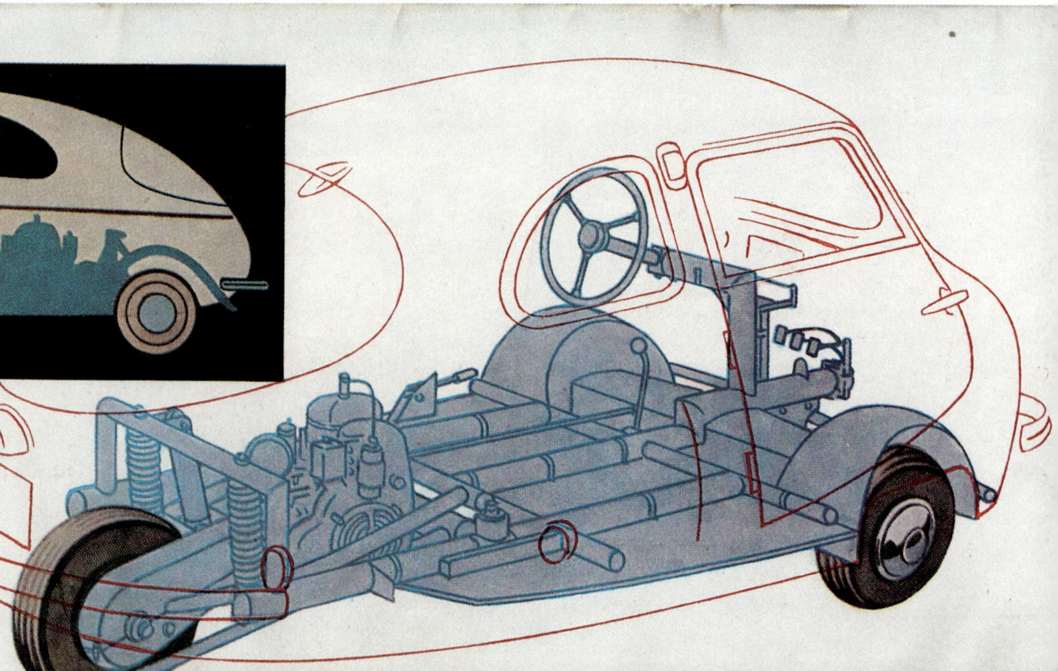

Fahrgestell
Zentralrohrrahmen aus hochwertigem, gezogenem Stahlrohr.

Achsen
Vorderachse: gummigelagerte Pendelachse mit liegender Blattfeder quer zur Fahrtrichtung · *Hinterachse:* gummigelagerte Schwinge mit Schraubenfedern und hydraulischem Teleskopstoßdämpfer.

Weitere techn. Daten finden Sie auf der letzten Seite dieses Prospekt

Das 1955 bis 1969 von der Firma Glas in Dingolfing gebaute Goggomobil war das erfolgreichste Kleinstauto jener Zeit auf dem deutschen Markt. 1957 kam ein Coupé hinzu, das mit angedeuteten Heckflossen und adrettem Interieur ganz dem Stilempfinden der damaligen Zeit entsprach.

Bis 1969 wurde das kleine Auto in dieser Version mit angedeuteter Frontmotorhaube gebaut, in den letzten Jahren allerdings nur noch mit dem 250-cm³-Motor.

Goggomobil
WENDEPUNKT DER LEBENSFÜHRUNG

Der etwas größere Bruder des Goggomobils hieß Isar 600 bzw. Isar 770 und wurde von 1958 bis 1965 hergestellt. Der Ruf des flotten Autos litt anfänglich sehr unter Unzuverlässigkeiten. Isar-Besitzer mußten ihr Fahrzeug oft in die Werkstatt bringen.

Auf steilen Paßstraßen und noch dazu mit vier Erwachsenen besetzt, hatte auch der 30 PS starke Isar 700 einige Mühe, denn das Gewicht näherte sich dann schnell der 1000-kg-Marke, die auch das zulässige Gesamtgewicht darstellte.

Trotz mancher Nachteile bot die Panorama-Scheibe jedenfalls eine hervorragende Sicht nach vorne und schräg zur Seite, und das Armaturenbrett war für damalige Verhältnisse klar und übersichtlich gestaltet.

Der in Plochingen hergestellte Gutbrod Superior war ein als Cabriolimousine konzipierter Zweisitzer mit Frontantrieb. Sein Zweitaktmotor, ab 1952 mit Kraftstoffeinspritzung, war eine geniale Konstruktion. Es gab den Gutbrod von 1950 bis 1954. Insgesamt wurden 7726 Stück gebaut, einschließlich einiger Kombiwagen (karossiert von Westfalia in Wiedenbrück) und Limousinen.

Die Landmaschinenfabrik Hans Glas GmbH in Dingolfing nahm 1955 den Automobilbau auf und beglückte den „Kleinen Mann" mit einem Fahrzeug, das bei seinen winzigen Abmessungen dennoch wie ein richtiges Auto aussah. Die spätere Typenvielfalt bei Glas führte zum Verhängnis: Am Ende seiner Finanzkraft angelangt, mußte Glas 1966 die seit mehr als 100 Jahren bestehende Firma an BMW verkaufen.

Einer der ersten Exportwagen ziert diesen französischsprachigen Prospekt, in dem der Wagen den wohlklingenden Namen ,,Isard" bekommen hatte, was in französischen Ohren weit besser klingt als Goggomobil.

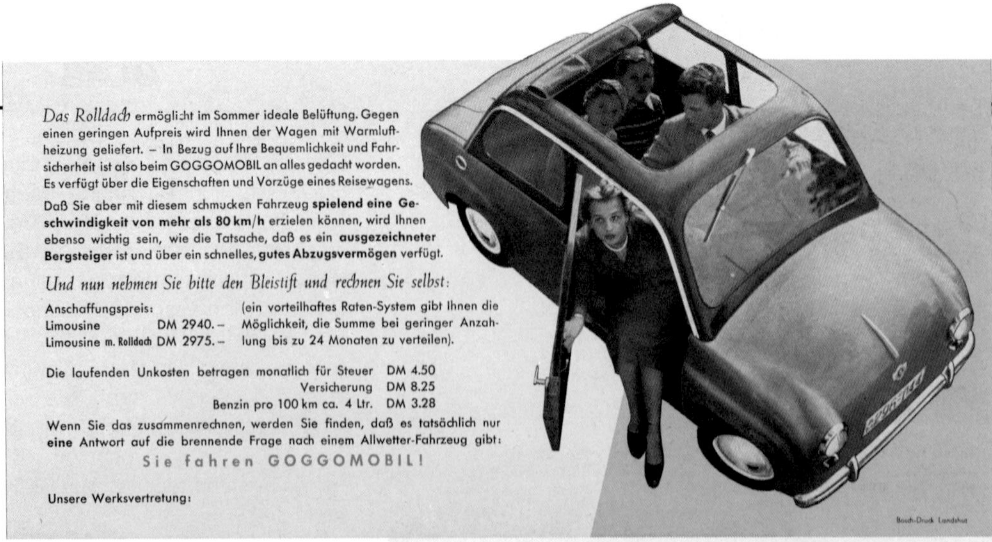

Das Rolldach ermöglicht im Sommer ideale Belüftung. Gegen einen geringen Aufpreis wird Ihnen der Wagen mit Warmluftheizung geliefert. – In Bezug auf Ihre Bequemlichkeit und Fahrsicherheit ist also beim GOGGOMOBIL an alles gedacht worden. Es verfügt über die Eigenschaften und Vorzüge eines Reisewagens.

Daß Sie aber mit diesem schmucken Fahrzeug **spielend eine Geschwindigkeit von mehr als 80 km/h** erzielen können, wird Ihnen ebenso wichtig sein, wie die Tatsache, daß es ein **ausgezeichneter Bergsteiger** ist und über ein schnelles, **gutes Abzugsvermögen** verfügt.

Und nun nehmen Sie bitte den Bleistift und rechnen Sie selbst:

Anschaffungspreis:
Limousine DM 2940.–
Limousine m. Rolldach DM 2975.–

(ein vorteilhaftes Raten-System gibt Ihnen die Möglichkeit, die Summe bei geringer Anzahlung bis zu 24 Monaten zu verteilen).

Die laufenden Unkosten betragen monatlich für Steuer DM 4.50
Versicherung DM 8.25
Benzin pro 100 km ca. 4 Ltr. DM 3.28

Wenn Sie das zusammenrechnen, werden Sie finden, daß es tatsächlich nur **eine** Antwort auf die brennende Frage nach einem Allwetter-Fahrzeug gibt:

Sie fahren GOGGOMOBIL!

Unsere Werksvertretung:

Bosch-Druck Landshut

Nur die allerersten Wagen hatten den altmodischen Scheibenwischer oben in der Mitte und das riesige schwarze Dreispeichen-Lenkrad.

Die Forderun

Die Vorderräder sind an Schwingarmen gelagert, die in we
In Verbindung mit einer Zahnstangen-Lenkung hat der
EINE HYDRAULISCHE VIERRAD-BREMSE, deren Bre
aufweisen, gewährleistet ABSOLUTE VERKEHRSSICH
dem GOGGOMOBIL seine AUSGEZEICHNETE STRA

Das GOGGOMOBIL wird in 2 Grundausführungen geliefert, als Limousine und als Limousine mit Rolldach. Es ist ein gleichspuriges Fahrzeug mit selbsttragender Karosserie, einem großen Rückfenster und zwei großen **Seitenfenstern, die zu öffnen sind.**

Neben seinen konstruktiven und motorischen Qualitäten hat das GOGGOMOBIL den Vorteil überraschender Großräumigkeit. Belastungs- und raummäßig bietet es **Platz für zwei Personen, zwei Kinder und Gepäck.** Soll es aber als reines Geschäfts-Fahrzeug dienen, so können alle Sitze außer dem Führersitz mit wenigen Handgriffen entfernt werden. Der dann entstehende Leerraum ist für Zuladungen bis zu 175 kg frei. Die Sitz-Abmessungen sind so gehalten, daß auch für überdurchschnittlich Große oder für Vollschlanke keine Unbequemlichkeit entsteht.

Da das GOGGOMOBIL links und rechts über je eine Tür verfügt, können Sie Ihren Platz wie bei jedem großen Wagen einnehmen.

DAS TRIEBWERK EIGENER BAUART ist ein gebläsegekühlter Zweizylinder-Zweitakt-Motor mit Viergang-Getriebe und Rü
überträgt es den Antrieb über ein Differential auf die Hinterräder. Motor, Getriebe und Differential sind in einem Block vereinigt. D

Klare Konstruktionsmerkmale sprachen die meisten Interessenten mehr an als futuristische Ideen und gewagte Experimente, wie sie andere Hersteller der damaligen Zeit präsentierten.

...ch einem hübschen und bequemen Fahrzeug für alle Jahreszeiten

und für jedes Wetter, bei kleinem Anschaffungspreis und niedrigen Haltungskosten ist gebieterisch geworden.

Sie entspringt nicht dem Bedürfnis nach Luxus, sondern der Einsicht, daß man der Zeit mit ihren Ansprüchen an Schnelligkeit und Tempo gewachsen sein muß und daß man auf die Annehmlichkeit moderner Lebensführung nicht verzichten will. Mit dem GOGGOMOBIL haben wir diesen Forderungen entsprochen.

Bei seiner Entstehung war für **unsere** Konstrukteure, Techniker und Kaufleute das Ziel klar umrissen:

Mit Hilfe modernster Fabrikations-Methoden und äußerster Kalkulation ein stabiles, praktisches und doch formschönes Fahrzeug für diejenigen Bevölkerungskreise zu schaffen, die bisher aus wirtschaftlichen Gründen auf die Haltung eines Wagens verzichten mußten.

...nt-Blocks abgestützt sind.
...hige, stoßfreie Führung.
...n Durchmesser von 180 mm
...dere Schwerpunkt verleiht

... Als Heck-Aggregat ausgeführt,
...se ist als Pendelachse ausgeführt.

Ein Blick auf die Unterseite zeigt die glatte, einfache Ausführung des Bodens, die der Stabilität und der Sauberhaltung des Wagens zugute kommt.

Liebling der Götter

nennen begeisterte Kleinwagenfreunde das Goggomobil-Coupé. Seine liebenswürdige Eleganz, seine sportliche Note, die vorzüglichen motorischen und fahrtechnischen Eigenschaften, das alles zusammen bei ungewöhnlich bescheidenen Haltungskosten, hat ihm das reizende Prädikat eingebracht.

Auto-Luxus bei den Haltungskosten eines Motorrads, diese Verbindung von Schönem und Praktischem macht es begehrenswert und zur Erfüllung eines Wunschtraums, gleich, ob das Coupé als Erst- oder Zweitwagen gefahren wird.

Die beiden sesselartig ausgebildeten Vordersitze geben Ihnen auch über sehr weite Strecken eine Bequemlichkeit, die das Fahren zum Genuß macht.

Die „Sport"-Version des Goggomobils fand viele Liebhaber: Jedes vierte verkaufte Auto war ein Coupé. Bei seiner Einführung im Jahre 1957 kostete der Wagen mit 250-ccm-Motor 3722 Mark. Versionen mit 300- und 400-ccm-Motor waren geringfügig teurer.

Mit schwülstigen Texten wurde in den Prospekten manchmal nicht gespart. Die ,,sportliche Note" bestand zum größten Teil in der Fantasie des Käufers, der über 13,6 bis 20 PS regieren durfte. Das niedliche Cabrio blieb leider ein Wunschtraum, da nie in Serie produziert.

T E C H N I S C H E   D A T E N

Modell:	TS 250	TS 300	TS 400
Motor:	Parallel-Zweizylinder-Zweitakt mit Gebläsekühlung		
	Glas 01	Glas 02	Glas 03
Zylinderinhalt:	245 ccm	293 ccm	392 ccm
Leistung:	13,6 PS bei 5400 U/min	15 PS bei 5000 U/min	20 PS bei 5000 U/min
Vergaser:	Bing-Startvergaser		
Elektr. Anlage:	12 V		
Getriebe:	Mechanische Schaltung oder elektromagnetisches Vorwählgetriebe, Viergang und Rückwärtsgang		
Fahrgestell:			
Vorderachse:	Schwingachse mit Schraubenfedern und hydraulischem Stoßdämpfer		
Hinterachse:	Pendelachse mit Schraubenfedern u. hydr. Stoßdämpfer		
Lenkung:	Zahnstangen-Lenkung		

Bremsen:	Vierrad-Öldruckbremsen 180 mm ⌀		
Bereifung:	4,80 – 10		
Radstand:	1800 mm		
Länge:	3035 mm		
Breite:	1370 mm		
Höhe:	1235 mm		
Leergewicht:	460 kg		
zul. Gesamtgewicht:	720 kg		
Tankinhalt:	25 ltr.		
Kraftstoff-Normverbrauch 100 km:	4,4 ltr.	4,6 ltr.	4,95 ltr.
Steigfähigkeit:	30%	34%	36%
Höchstgeschwindigkeit	über 85 km/h	über 90 km/h	über 100 km/h

Konstruktions-Änderungen vorbehalten

Die technischen Daten geben Ihnen Aufschluß über die Leistungsfähigkeit [illegible] Coupés, für Ihr Rechnungsbüchlein aber werden folgende Zahlen wichtig sein:

Benzinkosten (Gemisch) für 100 km	DM 3,50 bis DM 4,50 (je nach Hubraum und Fahrweise)
Steuer und Versicherung monatlich	DM 11,10
Für den TS 400 monatlich	DM 14,80

Auch bei sportlicher Fahrweise können Sie sich einen Durchschnitts-Kilometerpreis zwischen 5 und 7 Pfennig errechnen. Darin eingeschlossen sind sämtliche Unkosten an Steuer, Versicherung und die Kosten für gelegentliche kleinere Reparaturen.

Das Goggomobil-Coupé wird Ihren Erwartungen entsprechen, wenn Sie sportlich und zügig fahren wollen. Seine Abzugskraft beim Überholen auf ebener Strecke sowie seine Steigfähigkeit bei Berg- und Paßfahrten wird Sie begeistern.

Das Goggomobil-Coupé bietet Ihnen aber nicht nur ein ganz besonderes Fahrvergnügen, sondern auch ein Höchstmaß an F a h r s i c h e r h e i t. Seine gute Straßen- und Kurvenlage, seine großdimensionierten hydraulischen Bremsen und zum Teil auch das elektromagnetische Vorwählgetriebe sind dafür die Garantie.

Besondere Freude wird Ihnen der Selektromat bereiten. Ein kleiner Hebel im formschönen Armaturenbrett gibt Ihnen die Möglichkeit, im rechten Moment den gewünschten Gang vorzuwählen. Erst bei Bedienung des Kupplungs-Pedals wird der vorgewählte Gang wirksam. Ein System, das Ihnen in kritischen Verkehrssituationen ganz besonders zustatten kommen wird.

Lieben Sie es aber, sich den sommerlichen Fahrtwind um die Nase wehen zu lassen, so werden Sie sich vermutlich für das Cabriolet entscheiden. Noch betonter in seiner sportlichen Note als das Coupé, verfügt es über die gleichen wirtschaftlichen und fahrtechnischen Eigenschaften.

Wenn Kleinwagen, dann
GOGGOMOBIL

H A N S G L A S G M B H. · D I N G O L F I N G / B A Y.

Fernsprecher: Dingolfing 322 (WS) · Fernschreiber 058/255 · Drahtwort: Isaria Dingolfing · Auslieferungslager: Gohfeld b.

Dem Wunsch vieler Coupé-Freunde nach noch größerer Reisegeschwindigkeit wurde mit dem 400 ccm Glas-Motor Rechnung getragen. Sie bringen damit jetzt 20 PS auf die Straße.

Für 2 Kinder bietet die schaumgummi-gepol
hintere Sitzbank bequem Platz. Wenn Sie d
Raum anderweitig benötigen, können Si
Polsterbank mit wenigen Handgriffen entf

Rechts die Ausführungsfarben, in dene
Coupé mit einer dazu geschmackvoll
stimmten Innen-Ausstattung geliefert

Der Glas Isar, angeboten mit 600- und mit 700-ccm-Motor (Zweizylinder-Viertakt-Boxer), war ab Herbst 1959 auch als Kombiwagen zu bekommen. Bei umgelegter Rücksitzbank ergab sich eine Ladefläche von 118 x 112 cm.

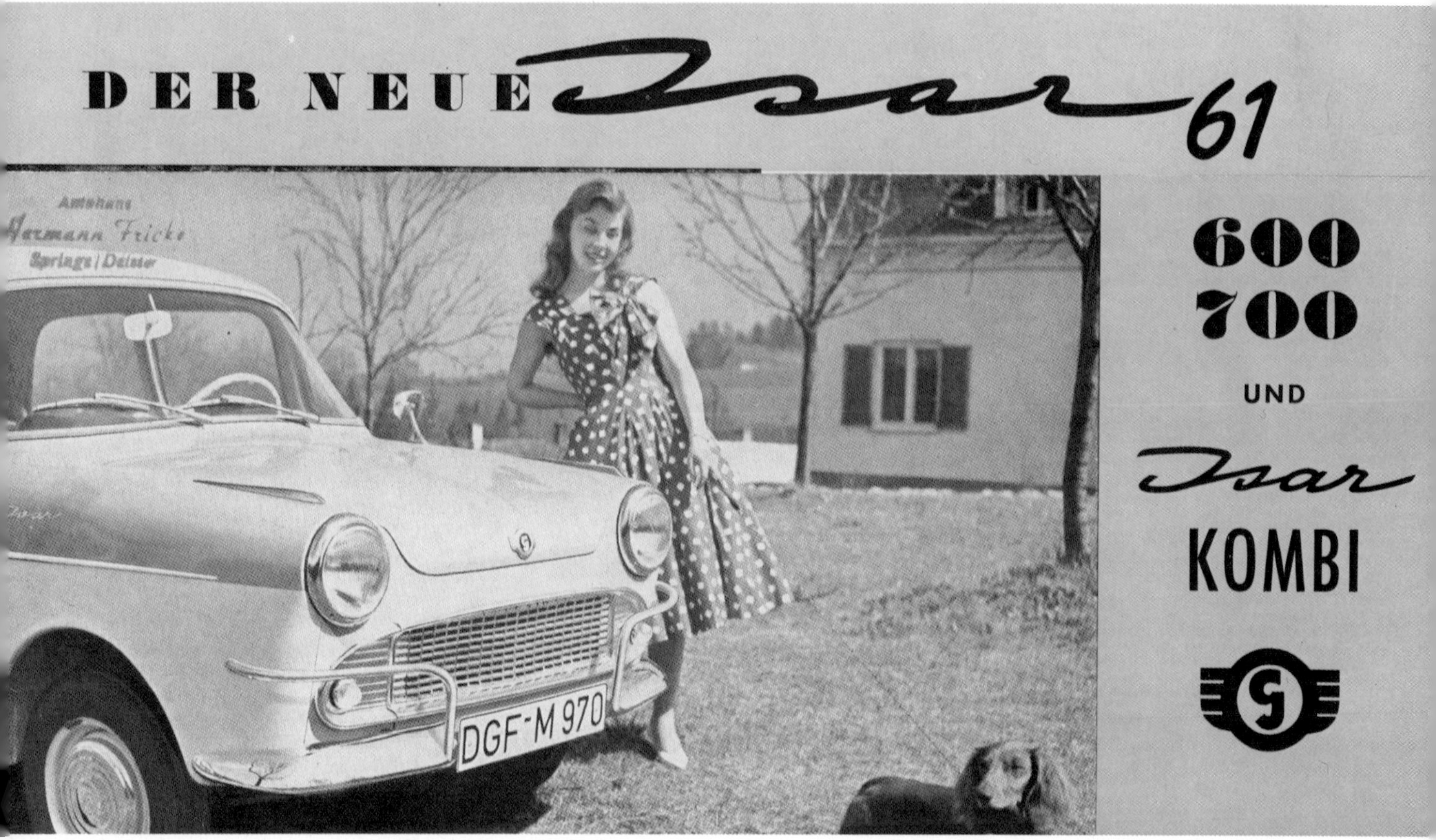

Links: Wirklich neu waren an dem Modell 1961 nur Kleinigkeiten wie die Rammstoßstangen.

Besonders hübsch gelungen war die Kombi-Version des Isar, die nach Umlegen der Rückbank immerhin eine Ladefläche von fast 120 cm Länge offerierte.

... ist der ISAR-Kombi mit 600 ccm und 19 PS oder mit 700 ccm und 30 PS das Fahrzeug für jeden, der es schätzt, das Schöne mit dem Nützlichen zu verbinden. Er ist als Kombinationswagen (K 600/K 700) und als ISAR-Camping (600 C/700 C) lieferbar. Der Unterschied beider Ausführungen besteht in einer mit Schrauben fixierten hinteren Sitzbank beim Typ ISAR-Camping gegenüber einer beweglichen, vorklappbaren Rückbank beim ISAR-Kombi.
Der ISAR-Kombi befördert mühelos eine Nutzlast von 400 kg + Fahrer. Mit seiner Ladefläche von mehr als 1 qm (bei vorgeklappten Rücksitzen) und einem Laderaum von 1 cbm weist dieser schöne und nützliche Wagen eine Leistung auf, die in dieser Klasse ihresgleichen sucht. Dabei zeigen ISAR-Kombi und ISAR-Camping Fahreigenschaften, die auch den Anspruchsvollsten zufriedenstellen. Bei dem geringen Normverbrauch von nur 5,4 bzw. 5,8 Lt/100 km – das verspricht einen Durchschnittsverbrauch von ca. 6,5 Litern – erreichen beide Fahrzeuge eine Spitze = Reisegeschwindigkeit von 95 bzw. 100 km/h. Ein Tempo also, das den Anforderungen des modernen Schnellverkehrs durchaus entspricht.

Man schätzt den ISAR-Camping sowohl als Reisewagen und praktisches Fahrzeug für Wochenend und Urlaub, wie auch für alle anderen Gelegenheiten, die der Alltag mit sich bringt. Ob Sommer oder Winter, immer sind ISAR-Kombi und ISAR-Camping zuverlässige Kameraden.

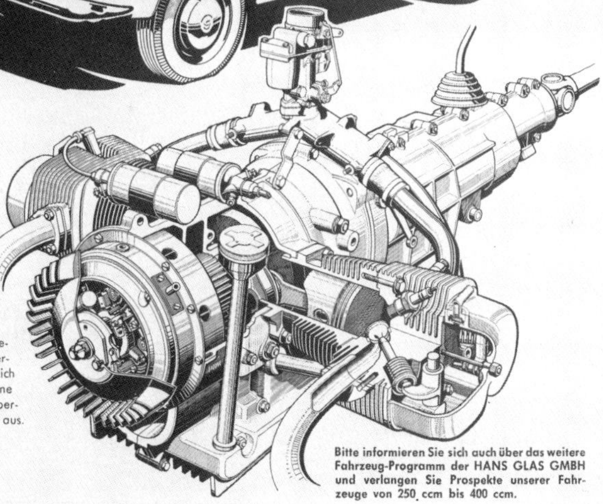

Das starke Herz des ISAR ist der robuste Viertakt-Boxer-Motor, der wahlweise mit 600 ccm und 19 PS oder mit 700 ccm und 30 PS geliefert wird. Als Viertakter zeichnet er sich durch unübertroffene Sparsamkeit und überraschende Leistung aus.

Bitte informieren Sie sich auch über das weitere Fahrzeug-Programm der HANS GLAS GMBH und verlangen Sie Prospekte unserer Fahrzeuge von 250 ccm bis 400 ccm.

T E C H N I S C H E D A T E N

	ISAR T 600	T 700	KOMBI K 600	K 700
Motor:				
Hersteller:	Hans Glas GmbH.			
Typ:	vornliegd. luftgekühlt. 2-Zylinder-Viertakt-Boxermotor			
Bohrung und Hub:	72x72 mm	78x72 mm	72x72 mm	78x72 mm
Hubraum:	584 cm³	688 cm³	584 cm³	688 cm³
Verdichtung:	7,8:1	7,2:1	7,8:1	7,2:1
Leistung:	19 PS	30 PS	19 PS	30 PS
bei U/min.:	4800	4900	4800	4900
max.-Drehmoment:	3,5	5,0	3,5	5,0
bei U/min.:	2750	3500	2750	3500
Vergaser:	Solex-Fallstrom 32 PCI			
Kühlung:	Kühlluftgebläse, Gebläserad a. d. Kurbelwelle			
Elektr. Anlage:	Schwung-Licht-Magnet-Anlaß-Zünder 12 V, 130 W			
Kraftstoffbehälter:	ca. 40 l im Heck			

Kraftübertragung:

Antrieb: vorn liegender Motor mit angeblocktem Vierganggetriebe, durch Kardanwelle angetriebene Hinterachse.
Kupplung: Einscheiben-Trockenkupplung.
Getriebe: 4 Vorwärtsgänge, Rückwärtsgang, sämtliche 4 Vorwärtsgänge synchronisiert (System Porsche).

Fahrwerk:

Art: selbsttragende Stahlkarosserie mit durch kastenförmige Längsträger versteifter Bodenpartie.
Federung vorn: Einzelradfederung durch untere Quer- und obere Längslenker. Langhubige Schraubenfedern u. progressiv wirkende zusätzliche Gummi-Hohlfedern. Federweg 130 mm.
hinten: Starrachse mit längsliegenden Dreiblattfedern u. progressiv wirkenden zusätzlichen Gummi-Hohlfedern. Federweg 130 mm.

Lt. VDA-Revers, technische Angaben entsprechend DIN 70020 und DIN 70030

Stoßdämpfer: doppeltwirkende hydraulische Stoßdämpfer vorn u. hinten
Lenkung: Schneckenlenkung mit geteilter Spurstange.
Bremsen: Hydraulische Vierradbremse.
Handbremse auf Hinterräder wirkend.

	ISAR T 600	T 700	KOMBI K 600	K 700
Bremstrommel-∅:	230 mm			
Wirksame Bremsfläche:	488 cm³			
Reifengröße:	4,80—12		5,20—12	
Abmessungen und Leistung:				
Radstand:	2000 mm			
Spurweite vorn:	1200 mm			
Spurweite hinten:	1170 mm			
Bodenfreiheit:	190 mm			
Länge:	3455 mm		3430 mm	
Breite:	1470 mm			
Höhe:	1380 mm		1390 mm	
Leergewicht:	640 kg		705 kg	**705**
Zul. Gesamtgewicht:	1000 kg		1180 kg	**1070**
Nutzlast:	360 kg		475 kg	**365**
Höchstgeschw.:	100 km/st.	112 km/st.	95 km/st.	100 km/st.
Steigfähigkeit max.:	über 35%			
Kraftstoffnormverbrauch auf 100 km:	5,3 l	5,6 l	5,4 l	5,8 l
Laderaum-Maße (bei vorgeklapptem Rücksitz):				
Länge:	—		1180 mm	
Breite:	—		1120 mm	
Höhe:	—		900 mm	

Fettgedruckte Zahlen gelten für ISAR-Camping.

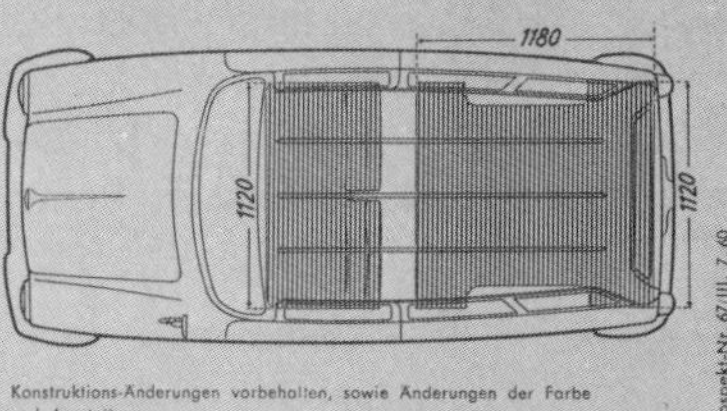

Konstruktions-Änderungen vorbehalten, sowie Änderungen der Farbe und Ausstattung.

Prospekt-Nr. 67/III. 7. 60

Goliath gehörte mit Lloyd zur Borgward-Gruppe und besetzte mit einer Reihe von Vierzylindern sozusagen das Bremer Mittelfeld, Die ab 1950 angebotenen Zweitakter mit 700, dann 900 ccm Hubraum wurden 1957 von Viertakt-Boxern abgelöst; diese Autos hatten wie ihre Vorgänger Frontantrieb. trugen aber den Markennamen Hansa. 1961 verschwand Goliath/Hansa im Zuge der Borgward-Pleite vom Markt.

Den Goliath GP 700 E mit luftgekühltem Einspritzmotor gab es von 1952 bis 1955, anschließend bis 1957 auch in einer 900-ccm-Version. Der frontgetriebene Zweitaktwagen präsentierte sich in einer ansprechenden Pontonkarosserie.

Mehr Leistung – weniger Verbrauch!

Beim GP 700 E tritt an die Stelle des Vergasers die BOSCH-Benzineinspritzpumpe, die unter getrennter Kraftstoff- und Ölzufuhr die jeweils erforderliche Brennstoffmenge direkt in den Zylinder spritzt.

Die Vorteile der Benzineinspritzung sind heute allgemein anerkannt:

- Unvergleichlich niedriger Kraftstoff-Normverbrauch von nur 5,9 Litern Benzin auf 100 km,
- bedeutend bessere Ausnutzung der im Benzin enthaltenen Energien, vollgasfeste 108 km/h,
- erheblich höhere Motorleistung von 29 PS bei unveränderter Umdrehungszahl von 4000 U/min,
- überraschend großes Reaktionsvermögen; immer startfreudig und zuverlässig,
- das Tanken beim Zweitakter mit Benzineinspritzpumpe ist so einfach, wie man es vom Viertakter her gewohnt ist.

Zu diesen Vorzügen kommen die Vorteile des Frontantriebes wie: Fortfall langer Kraftübertragung, niedrigste Schwerpunktlage, beste Raumausnutzung, günstige Gewichtsverteilung und erhöhte Kurvenfestigkeit; ferner das vollsynchronisierte 4-Gang-Leichtschaltgetriebe.

Beschleunigung beim Durchschalten mit dem Goliath-Personenwagen GP 700 E

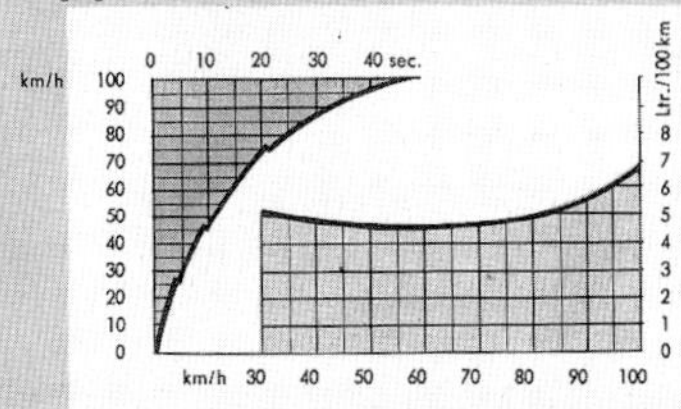

Straßenverbrauch des Goliath-Personenwagens GP 700 E

Der GOLIATH ist nicht nur ein erstaunlich schneller, sondern auch überraschend bequemer Reisewagen. Die Licht- und Sichtverhältnisse sind vorzüglich; die gut gefederten und eleganten Polstersitze der bequemsten Körperhaltung angepaßt.

Dank vorderer Sitzbank und Lenkradschaltung konnten vorn drei Personen Platz nehmen. »Der Autofahrer liebt Geräumigkeit und Bequemlichkeit«, heißt es im Prospekttext.

HEINKEL

Ähnlich der Isetta, war das 1956-57 von der Ernst Heinkel AG in Stuttgart hergestellte Kabinenfahrzeug ein Zweisitzer mit Fronteinstieg, bot aber etwas mehr Gepäckraum hinter den Sitzen. Änfänglich gab es hinten nur ein statt zwei Räder. Die Heinkel Kabine kostete 2900 Mark und wurde 6436 mal gebaut.

Wenn die Sonne lacht, dann geht's hinaus ins Grüne! Dem Kabinenfahrer stehen alle Möglichkeiten offen und manch verstecktes Plätzchen — abseits der großen Straßen — bietet erholsamen Genuß. Doch auch an Regentagen fühlt man sich wohlgeborgen unter dem sicheren Dach der Heinkel-Kabine!

Die Heinkel-Kabine gab es anfangs mit drei, später mit vier Rädern (à la Isetta). Insgesamt wurde dieses Fahrzeug 6500mal gebaut.

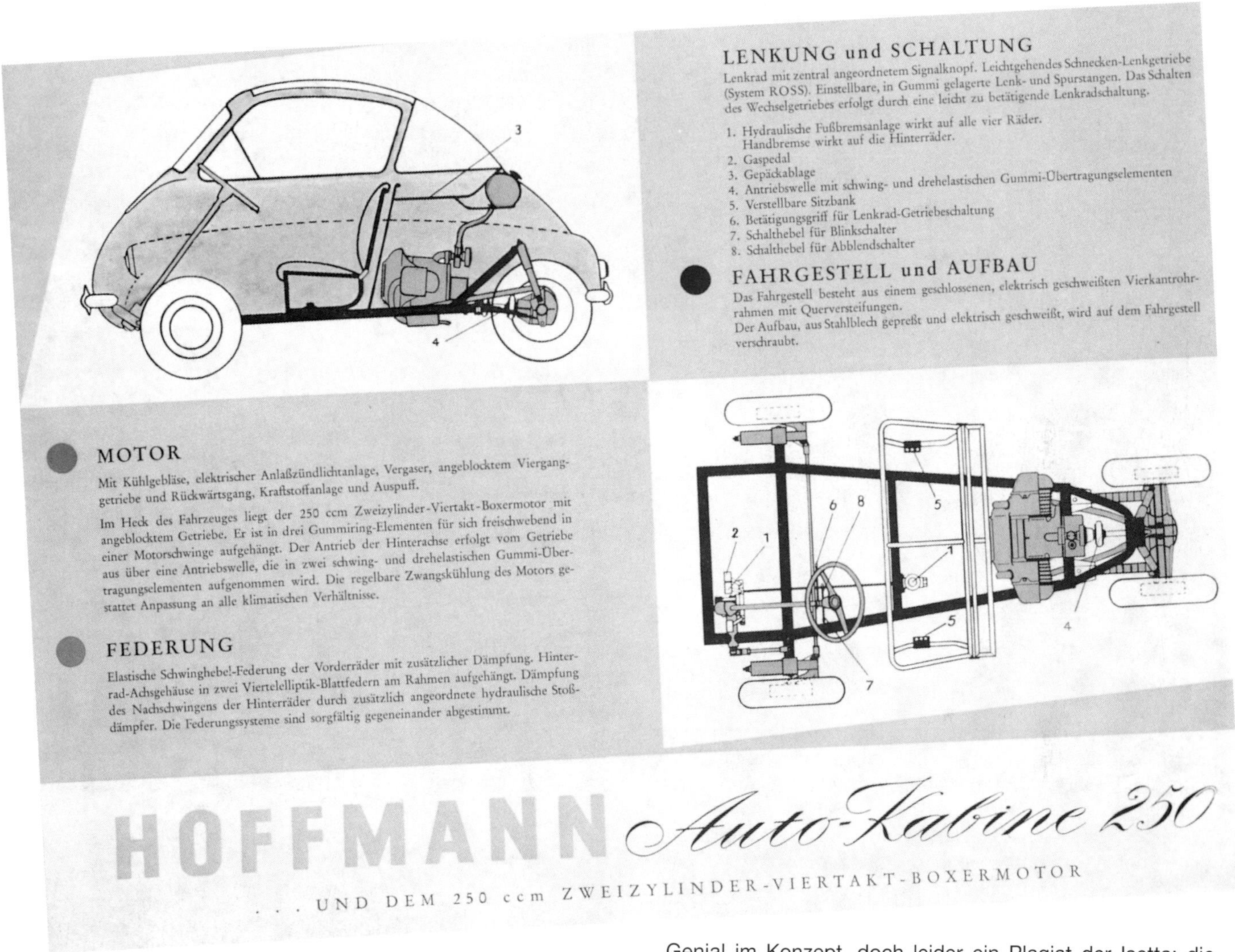

Genial im Konzept, doch leider ein Plagiat der Isetta: die Kabine der Düsseldorfer Firma Hoffmann. Nur wenige Exemplare verließen Ende 1954 das Werk, ehe die Firma Konkurs anmeldete.

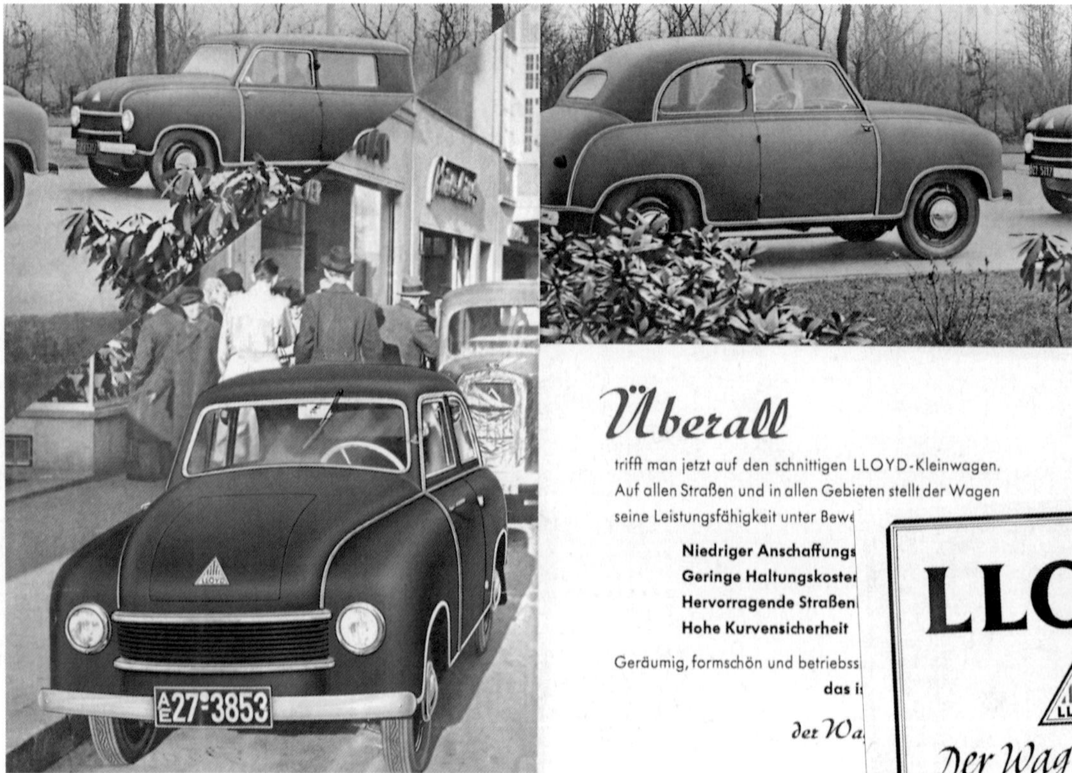

Prospekwerbung aus dem Jahre 1950, als der Lloyd „Leukoplastbomber" mit 300-ccm-Motor seinen Einstand gab. Außer dem Viersitzer gab es ein Coupé und einen Kombiwagen.

Der traditionsreiche Markenname Lloyd erlebte im Borgward-Konzern nach dem Kriege eine Wiederauferstehung. Die kleinen, ab 1950 in Bremen gebauten Zweitakt-Autos hatten zunächst eine Sperrholzkarosserie mit Kunstlederbezug; erst ab 1955 gab es Stahlblechaufbauten, als man auch Viertaktmotoren zu bauen begann. Lloyd Automobile gab es bis zum Zuammenbruch des Borgward-Konzerns im Jahre 1961.

Mehr als ein Statussymbol: Der Mercedes-Benz 300. Aus einem Prospekt von 1951, dem Einführungsjahr des großen Sechszylinders.

Der Mercedes-Benz 170 S zählte in den frühen fünfziger Jahren zu den solidesten und langlebigsten Autos deutscher Produktion. Passende Koffersätze gab es beim Mercedes-Händler als standesgemäßes Sonderzubehör.

RAHMEN FÜR VORNEHME REPRÄSENTATION

Vor den Hotelpalästen der mondänen Kurorte, an den Brennpunkten großstädtischen Gesellschaftslebens — überall, wo Menschen von Format sich treffen und die Spitzenerzeugnisse internationaler Automobilbaukunst paradieren, wird dies formvollendete Zweisitzer-Cabriolet berechtigtes Aufsehen erregen. Mit seiner glücklichen Synthese neuzeitlich-flüssiger Linienführung und vornehm-zurückhaltender Eleganz ist es schon im Anrollen der Ausdruck einer selbstbewußten und geschmacksicheren Persönlichkeit.

Das Mercedes-Benz 170 S Cabriolet A galt als ein besonders elegantes Fahrzeug. Es wurde von 1949 bis 1951 gebaut und kostete den stolzen Preis von 15.800 Mark. Die Prospektzeichnungen stammten von dem Künstler Walter Gotschke.

Ein weiteres Gotschke-Kunstwerk im Mercedes-Benz-Prospekt, der den Cabriolets der 170er Baureihe gewidmet ist. Oben das Cabriolet A, rechts die Seitenansichten vom Typ A und B.

… UND IN DER LINIE EIN ECHTER MERCEDES-BENZ …

CABRIOLET „A“

CABRIOLET „B“

Der neue Typ 220 verfügte über einen außergewöhnlich großen Kofferraum.
Unten: Der Innenraum erwies sich ebenfalls als deutlich geräumiger als beim Vormodell.

Sogar für das Einstiegsmodell gab es einen attraktiven und qualitätsvollen Koffersatz, der den verfügbaren Raum optimal ausnutzte.

1955 kam der Mercedes-Benz 190 SL auf den Markt.

MERCEDES-BENZ

Zwei Wagen in einem

vereinigen sich in dem neuen Mercedes-Benz-Tourensportwagen Typ 190 SL. Als Reisewagen wie für die tägliche Fahrt im Stadtverkehr bietet der rassig-elegante zweisitzige Roadster für einen Wagen sportlichen Charakters ein ungewöhnlich hohes Maß von Fahrkomfort, Zuverlässigkeit und Sicherheit. Zeitsparende Schnelligkeit und Geräumigkeit, Wirtschaftlichkeit und leichte Bedienung machen ihn zum vorzüglichen Gebrauchsfahrzeug. Darüberhinaus ermöglichen seine hohe Leistung und imponierenden Fahreigenschaften die erfolgreiche Teilnahme an motorsportlichen Wettbewerben.

Die reichen Daimler-Benz-Erfahrungen im Renn- und Sportwagenbau und die jüngsten Erkenntnisse moderner Personenwagen-Konstruktionen sichern dem neuen Roadster die markanten Vorzüge, die bei allen Anforderungen eindrucksvoll den Begriff „Mercedes-Benz-Sicherheit" beweisen.

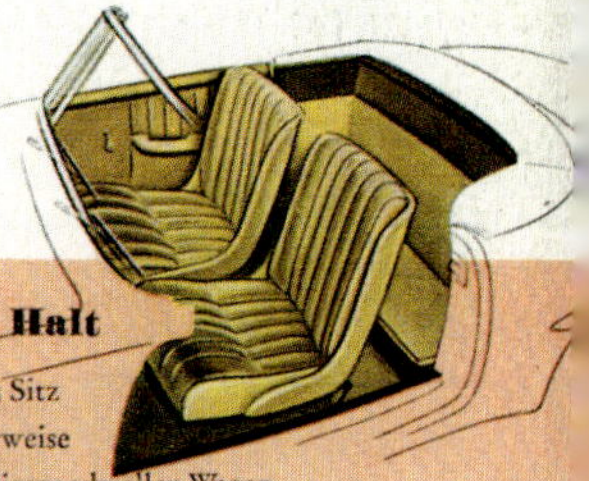

Ganz nach Ihren Wünschen

können Sie alle Annehmlichkeiten eines komfortablen Reisewagens genießen oder die kraftvolle Schnelligkeit des Typ 190 SL nach äußerlicher Veränderung im sportlichen Einsatz ausnutzen. Während bei der Normalausstattung ein versenkbares, ohne jede Mühe bedienbares Verdeck und versenkbare Seitenscheiben die Annehmlichkeiten eines echten Roadsters bieten, lassen sich für sportliche Veranstaltungen die Türen gegen leichte Seitentüren mit Armausschnitt und die Windschutzscheibe gegen einen nur vor dem Fahrer angebrachten Schutzschild aus Plexiglas austauschen. Zur weiteren Gewichtsverminderung können außerdem Verdeck und Stoßstangen abgenommen werden.

Sicheren Halt

und bequemen Sitz bei jeder Fahrweise geben die für diesen schnellen Wagen entwickelten Spezialsitze. Sie sind in Längsrichtung verstellbar und können nach vorn umgeklappt werden. Außerdem kann im Fond ein dritter Sitz – quer zur Fahrtrichtung – angebracht werden.

Die geräumigen Taschen an den breiten Türen sind oben mit einem langgestreckten Wulst versehen, der gleichzeitig als Armstütze und Zuggriff dient.

In der Formschönheit und Harmonie der Linien spiegelt sich echte Sindelfinger Karosserie-Baukunst. Die niedere Motorhaube gewährt hervorragende Sicht auf die Fahrbahn bis unmittelbar vor den Wagen und einen guten Blick über die Kotflügel. Fahrkomfort und Ausstattung bestätigen die glückliche Verbindung von sportlicher Note und Leistung mit der Bequemlichkeit des Reisewagens. Die eingebaute Lüftung und Heizung, auf jeder Seite getrennt regulierbar, sorgt stets für ein angenehmes Klima. Spielend leicht zu bedienende Lenkung und Schaltung sowie eine Fülle kleiner Annehmlichkeiten von der Druckknopftüröffnung bis zur Leselampe machen jeden Kilometer in dem schmucken sportlichen Roadster zur Freude.

Prospekt für die Modelle Prinz I und Prinz II E. Äußerlich unterschieden sich diese NSU Kleinwagen (1958-1960) nur in Details.

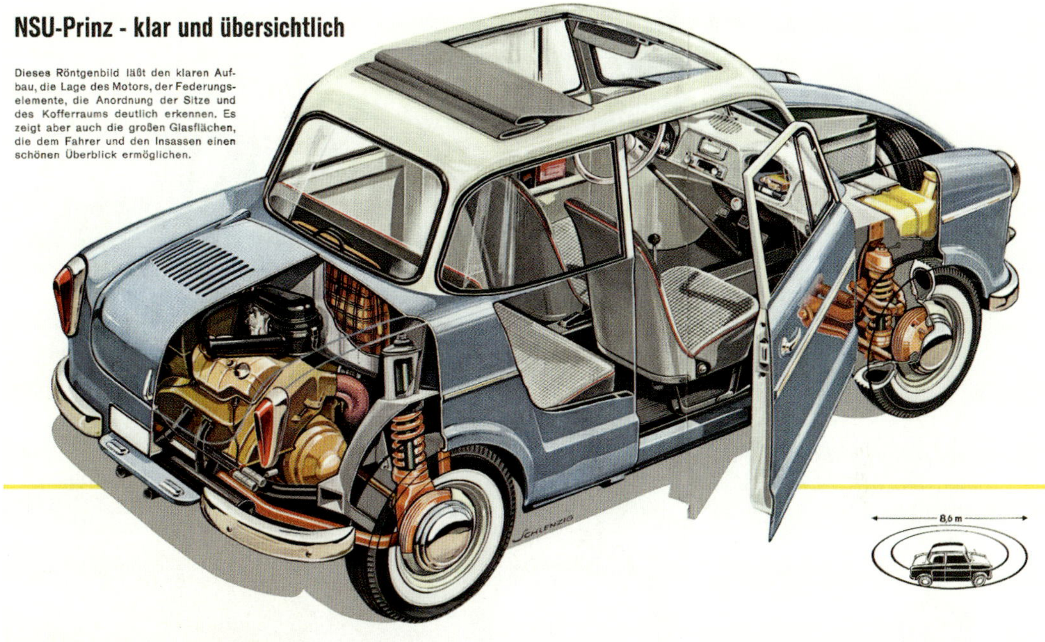

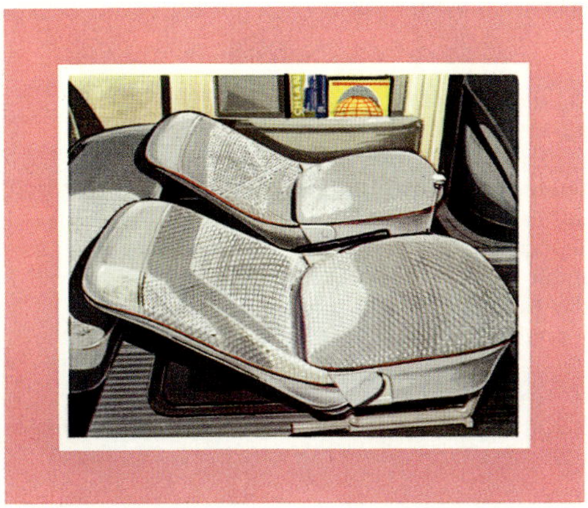

Der NSU Prinz II E wies im unterschied zum Prinz I ein synchronisiertes Getriebe, vordere Ausstellfenster und Liegesitze auf. Gegen Aufpreis bekam der Kunde einen Motor von munteren 30 statt 20 PS Leistung.

PRINZ II E

Der Prinz II ist das populärste Modell im NSU-Automobilprogramm. Seine Form ist klar und übersichtlich, ohne modischen, nichtsnutzigen Zierat. Kein Wunder also, daß die Prinzen auch nach vielen Jahren noch ihren Wert behalten, denn sie sind in ihrer Erscheinung zeitlos und unterliegen nicht der rapiden Entwertung, die allzu modische Automobile von einem Tag auf den anderen erfahren können.

Das Konzept des NSU Kleinwagens nahm vieles vorweg, was in den neunziger Jahen wieder hochaktuell wurde. Der Zweizylinder-Viertaktmotor hatte laut Prospektangabe sogar einen »Automobil-Vergaser« – und nicht etwa einen vom Motorrad!

MERCEDES-BENZ

Die Firma Daimler-Benz, ältester Automobilhersteller der Welt, gab ihren werblichen Aussagen seit jeher eine anspruchsvolle optische Note. Auch die ersten Prospekte der Nachkriegszeit wiesen wie früher ein hohes Niveau auf. Schon 1947 gab es den 170 V in nur geringfügig verändeter Form wieder zu kaufen, und durch konsequente Modellpflege knüpften die Stuttgarter an ihre Reputation an, als Hersteller von Spitzenfahrzeugen tonangebend zu sein.

Damals pflegte man Inserate wie dieses noch von Künstlern zeichnen und in Schabetechnik umsetzen zu lassen. Die Anzeige erschien 1956 in der Motor-Revue.

MERCEDES-BENZ

Typ 300 noch schneller und wirtschaftlicher mit mehr Komfort

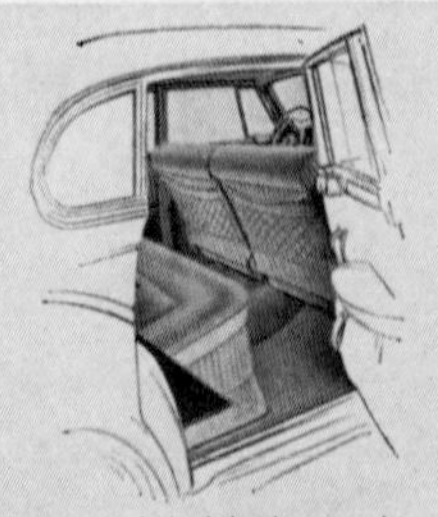

4 großen, ganz mit Stoff belegten Wagentüren sind mit je einer gepolster-Armlehne und geräumigen Seitentasche ausgestattet. An den Vordersitzwänden sind 2 Manteltaue und Netze für kleineres Handgepäck angebracht.

Dank seinem auf 125 PS erhöhten Motor, der dem „Typ 300" ein noch rasanteres Anzugsvermögen bis zur Spitzengeschwindigkeit von 160 km/std gibt, und der Steigerung von Sicherheit und Komfort wird dieses Fahrzeug zu einer eindrucksvollen Höchstleistung. Der behagliche, große Innenraum, in dem 6 Personen bequem Platz haben, läßt auch bei langen Fahrten und hohen Reisedurchschnitten keine Ermüdung empfinden. Auch anspruchsvolle Wünsche nach Behaglichkeit und Eleganz sind erfüllt: 2 Einzelsitze vorne mit Ruhesitzeinrichtung oder eine durchgehende Sitzbank, in Längsrichtung verstellbar – hintere Sitze mit herausklappbarer mittlerer Armlehne – rechts und links oberhalb der Fenster durchgehende Haltestangen mit Kleiderhaken – 2 Innenleuchten – Armaturenbrett ganz aus poliertem Holz mit Kombi-Instrument im direkten Blickfeld des Fahrers – großer Handschuhkasten mit automatischer Innenbeleuchtung, dessen Klappe als Tischchen ausgebildet ist – abblendbarer Rückblickspiegel – Beleuchtung des Zigarrenanzünders und der Betätigungsknöpfe für Lüftung und Heizung – drehbare Belüftungsfenster an den Vordertüren – 2 Sonnenblenden, die rechte auf der Rückseite mit Spiegel – 2 Scheibenwischer mit überschneidendem Wischfeld und zwei Geschwindigkeiten – 3 Aschenbecher, einer im Armaturenbrett und zwei im Fond.

Schneller Der 6-Zylinder-Hochleistungsmotor des „Typ 300“ besitzt eine große Elastizität und Laufruhe, die durch seine Drehzahlfestigkeit bis 6000 U/min in Verbindung mit 2 neuen Mehrstufenvergasern erreicht wurde. Damit und durch die Erhöhung des Verdichtungsverhältnisses auf 1:7,5 ist eine Leistungssteigerung erzielt, die der Verstärkung des Drehmomentes vor allem im unteren und mittleren Drehzahlbereich zugute kommt. Bei einer Erhöhung der Spitzengeschwindigkeit auf 160 km/std konnten so Beschleunigung und Bergsteigevermögen des Mercedes-Benz „Typ 300“ beträchtlich verbessert werden.

Der 125-PS-Hochleistungsmotor mit 2 Mehrstufenvergasern

Wirtschaftlicher Zu den technischen Verbesserungen kommt eine Erhöhung der Wirtschaftlichkeit, die auf eine rationellere Gemischbildung der Mehrstufenvergaser zurückzuführen ist. Während bei geringer Leistungsanforderung und bei niederer Drehzahl grundsätzlich nur jeweils eine Stufe eingeschaltet ist, wird bei höherem Kraftbedarf eine zweite Stufe automatisch zugeschaltet. Eine automatische Startvorrichtung macht die übliche von Hand zu bedienende Luftklappe überflüssig.

Öldruckbremse mit Unterdruckverstärkung

Bremstrommeln mit Turbokühlung

Sicherer Der erhöhten Leistung steht eine Steigerung der Fahrsicherheit gegenüber. Die Wirkung der turbogekühlten Öldruckbremse wurde zusätzlich durch Unterdruck verstärkt. Das vom Rennsportwagen „Typ 300 SL“ übernommene Bremsaggregat gibt auch bei übermäßiger, langanhaltender Beanspruchung durch seine großdimensionierten Leichtmetall-Perlitguß-Bremstrommeln mit Turbokühlung höchste Sicherheit.

TECHNISCHE DATEN

Zylinderzahl	6
Bohrung/Hub	85/88 mm
Gesamthubraum effektiv	2996 ccm
Verdichtungsverhältnis	1:7,5
Oktanzahl des Kraftstoffs	Tankstellenkraftstoff mit mindestens 78 Oktan nach Motor-Methode (z. B. Superkraftstoffe)
Drehzahl bei 100 km/std	3570 U/min
Höchstdrehzahl	6000 U/min
Motorleistung*	125 PS/4500 U/min (SAE 136 HP)
Kraftstoffnormverbrauch**	12,5 Ltr./100 km
Tankinhalt	72 Ltr.
davon Reserve	6 Ltr.
Inhalt der Kühlanlage mit Heizung	ca. 20 Ltr.
Ölfüllung des Kurbelgehäuses, max.	6,5 Ltr.
min.	4 Ltr.
Höchstgeschwindigkeit	
1. Gang	45 km/std
2. Gang	68 km/std
3. Gang	111 km/std
4. Gang	ca. 160 km/std
Reifengröße	7,10–15; 6 Lagen
Batteriekapazität	12 V/70 Ah
Größte Länge des Fahrzeugs	5055 mm
Größte Breite des Fahrzeugs	1838 mm
Größte Höhe des Fahrzeugs unbelastet	1600 mm
Radstand	3050 mm
Spurweite vorn	1480 mm
Spurweite hinten	1525 mm
Bodenfreiheit, mit 2 Personen besetzt	215 mm
Wendekreis-Durchmesser	ca. 12,6 m
Fahrzeuggewicht fahrfertig	1770 kg

* Die angegebene Leistung in PS ist nach Abzug aller Nebenleistungen an der Kupplung für den Antrieb des Wagens effektiv verfügbar.

** Ermittelt bei 2/3 der Höchstgeschwindigkeit unter Zuschlag von 10 %.

Lt. VDA-Revers technische Angaben entsprechend DIN 70 020 und 70 030.

Änderungen in Konstruktion und Ausstattung vorbehalten.

ÄLTESTE AUTOMOBILFABRIK DER WELT

DAIMLER-BENZ AKTIENGESELLSCHAFT STUTTGART-UNTERTÜRKHEIM

Printed in Germany III. 54

Im März 1954 erschien der Typ 300 b mit 10 PS höherer Leistung und vom Sportwagen 300 SL abgeleiteter Bremsanlage.

Zeugnis meisterlichen Automobilbaues

Wenn es je gelungen ist, ein Automobil zu bauen, das den Stempel des Außergewöhnlichen in jedem Detail trägt, dann ist es der weltberühmte 300 S — der Wagen, der die stolze Serie der Fahrzeuge mit dem Mercedes-Benz-Stern anführt.

Es war das Ziel seiner Konstrukteure, ein Fahrzeug zu schaffen, das in seinen Fahreigenschaften und seiner Motorleistung, seiner Schönheit und seiner luxuriösen Innenausstattung beispielhaft sein sollte für den hohen Stand modernen Automobilbaues. Es sollte aber, traditionellem Mercedes-Benz-Grundsatz gemäß, auch ein echtes Gebrauchsfahrzeug sein, das seinem Besitzer in allen Verkehrssituationen und auf jeder Fahrt vollkommene Sicherheit bietet. Der Stolz der 300 S-Besitzer und die Bewunderung der Automobilexperten in aller Welt haben bewiesen, daß Mercedes-Benz dieses Ziel erreichte: der 300 S ist zum absoluten Maßstab seiner Klasse geworden. In seiner neuen Ausführung mit dem kraftvollen Einspritzmotor nach dem Vorbild des 300 SL ist er mehr denn je Sinnbild für die ideale Vereinigung von Sportlichkeit und Komfort, von überragender Schnelligkeit und edler Schönheit.

Cabriolet A

Ein Wagen für Verwöhnte

Nicht so wetterfeste Naturen zogen das Coupé vor, und wer es ganz sportlich haben wollte, konnte für 34 500 DM den Roadster bestellen, dessen Faltverdeck unter einer Blechklappe verschwand.

Coupé

Für Autokenner

mit individuellem Geschmack

Komfort und Sportlichkeit vereint

Roadster

Mercedes-Benz 300 und 300 S, dargestellt in einem Prospekt von 1955. Die massive Erscheinung dieser Wagen verhieß Prestige und Sicherheit.

Das 300 S Cabriolet von 1952–1958 war mit 34 500 Mark der mit Abstand teuerste Zweisitzer im Angebot. In allen Versionen – Coupé, Cabriolet, Roadster – gab es nur 760 Stück.

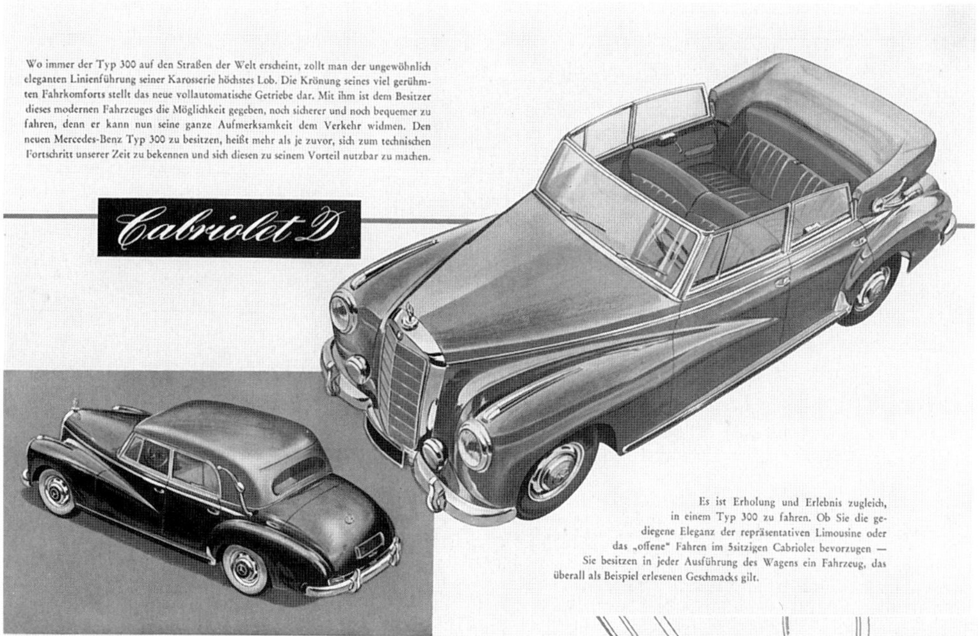

Wo immer der Typ 300 auf den Straßen der Welt erscheint, zollt man der ungewöhnlich eleganten Linienführung seiner Karosserie höchstes Lob. Die Krönung seines viel gerühmten Fahrkomforts stellt das neue vollautomatische Getriebe dar. Mit ihm ist dem Besitzer dieses modernen Fahrzeuges die Möglichkeit gegeben, noch sicherer und noch bequemer zu fahren, denn er kann nun seine ganze Aufmerksamkeit dem Verkehr widmen. Den neuen Mercedes-Benz Typ 300 zu besitzen, heißt mehr als je zuvor, sich zum technischen Fortschritt unserer Zeit zu bekennen und sich diesen zu seinem Vorteil nutzbar zu machen.

Cabriolet D

Es ist Erholung und Erlebnis zugleich, in einem Typ 300 zu fahren. Ob Sie die gediegene Eleganz der repräsentativen Limousine oder das „offene" Fahren im 5sitzigen Cabriolet bevorzugen — Sie besitzen in jeder Ausführung des Wagens ein Fahrzeug, das überall als Beispiel erlesenen Geschmacks gilt.

Mercedes-Benz 300 c als viertüriges Cabriolet, gebaut von 1955 bis 1957 in einer Auflage von 51 Stück. Die Limousine blieb mit 1432 Exemplaren aber ebenfalls eine Rarität.

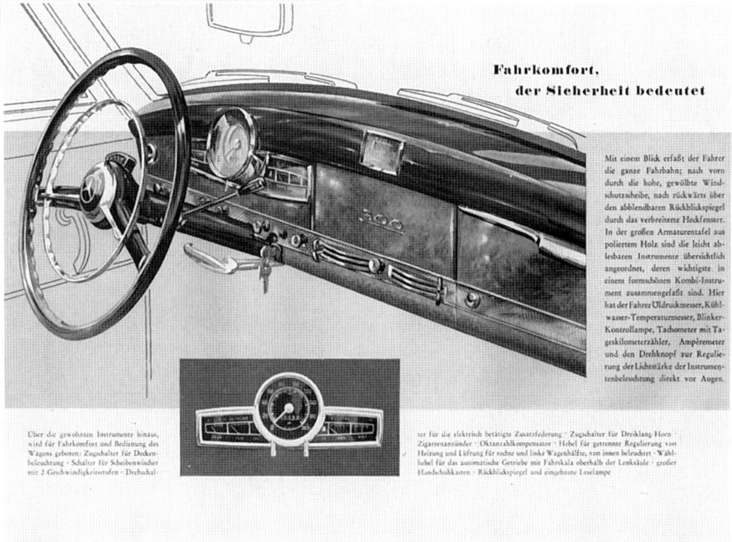

Fahrkomfort, der Sicherheit bedeutet

Mit einem Blick erfaßt der Fahrer die ganze Fahrbahn; nach vorn durch die hohe, gewölbte Windschutzscheibe, nach rückwärts über den abblendbaren Rückblickspiegel durch das verbreiterte Heckfenster. In der großen Armaturentafel aus poliertem Holz sind die leicht ablesbaren Instrumente übersichtlich angeordnet, deren wichtigste in einem formschönen Kombi-Instrument zusammengefaßt sind. Hier hat der Fahrer Öldruckmesser, Kühlwasser-Temperaturmesser, Blinker-Kontrollampe, Tachometer mit Tageskilometerzähler, Amperemeter und den Drehknopf zur Regulierung der Lichtstärke der Instrumentenbeleuchtung direkt vor Augen.

Über die gewohnten Instrumente hinaus, wird für Fahrkomfort und Bedienung des Wagens geboten: Zugschalter für Deckenbeleuchtung · Schalter für Scheibenwischer mit 2 Geschwindigkeitsstufen · Drehschalter für die elektrisch betätigte Zusatzfederung · Zugschalter für Dreiklang-Horn · Zigarrenanzünder · Oktanzahlkompensator · Hebel für getrennte Regulierung von Heizung und Lüftung für rechte und linke Wagenhälfte, von innen beleuchtet · Wählhebel für das automatische Getriebe mit Fahrskala oberhalb der Lenksäule · großer Handschuhkasten · Rückblickspiegel und eingebaute Leselampe

Das aristokratische Design des Mercedes-Benz 300 c verlieh auch dem Interieur einen Hauch von Noblesse. Lenkradschaltung war selbstverständlich in den fünfziger Jahren.

Der Mercedes-Benz 300 d folgte dem 300 c und wurde von 1957 bis 1962 hergestellt. 3077 Fahrzeuge karossierte man als Limousine, 65 als viertüriges Cabriolet.

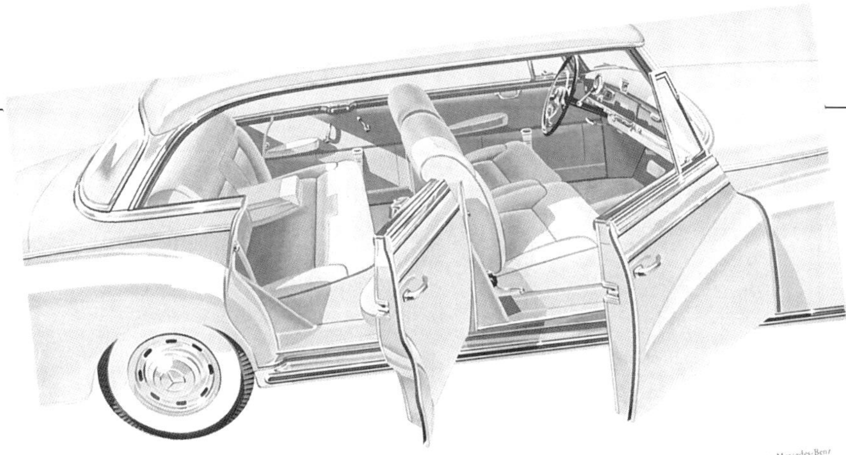

Der Aufbau der 300 d Limousine war im Hardtop-Stil der Amerikaner gehalten: Sämtliche Seitenscheiben ließen sich versenken.

Ein Zeichen seiner Eleganz wie auch des großzügigen Komforts ist die langgestreckte, pfostenlose Fensterfront des neuen Mercedes-Benz 300 Automatic. Die hinteren Seitenscheiben können Sie herausnehmen und die vier großen Fenster voll versenken. Licht durchflutet von allen Seiten den vergrößerten Innenraum, dessen Verkleidung und Ausstattung auf freundliche Behaglichkeit abgestimmt ist. Die sehr bequemen Polstersitze und Rückenlehnen sind so geformt, daß Sie auch bei langer Fahrt nicht ermüden und werden mit neuartigen Stoffen – nach Ihrer Wahl mit Dralon-Velour oder Cord, auf Sonderwunsch gegen Mehrpreis auch mit Leder – bezogen; der Wagenhimmel ist mit heller Plastikfolie bespannt. Im eleganten Innenraum des neuen 300 Automatic reisen Sie mit der großzügigen Bequemlichkeit, die auch einen langen Aufenthalt im Wagen zu einem angenehmen Aufenthalt macht. Dazu dienen auch die herausklappbare Armlehne in der Mitte der Fondsitzbank oder die Taschen an den Türen und den Rückenlehnen der Vordersitze, die als Ruhesitze in jede gewünschte Schräglage gebracht werden können. Das sind nur einige Beispiele für den großen Komfort, der kaum noch einen Wunsch offen läßt.

Es ist eine Frage Ihres eigenen Temperaments, ob Sie am neuen 300 Automatic mehr die Leichtigkeit des Fahrens oder seine Qualität und Zuverlässigkeit bewundern werden. Das automatische Getriebe schaltet für Sie, die Mercedes-Benz-Kugelumlauflenkung folgt Ihrer Hand leicht und genau, und die Servo-Bremse bedienen Sie so mühelos wie Sie fahren. Die Ausstattung des eleganten Armaturenbrettes aus poliertem Holz spiegelt den gehobenen Komfort dieses Wagens wider. Es enthält in klarer Anordnung alle zur Kontrolle und Bedienung Ihres 300 Automatic benötigten Einrichtungen. Starke Scheibenwischer mit zwei Geschwindigkeitseinstellungen, eine vorbildliche Heizung und Lüftung mit zwei zweistufigen Entfrostergebläsen, die Lichthupe, durch die auch das Horn betätigt werden kann, ein verschließbarer, beleuchteter Handschuhkasten, drei Ascher, die beiden gepolsterten Sonnenblenden und eine elektrische Zeituhr sind dazu noch einige Beispiele der großen Ausstattung, die das Reisen wirklich angenehm macht.

Das neugestaltete Heck des Mercedes-Benz 300 Automatic zeichnet sich durch drei besondere Merkmale aus: Der beleuchtete Kofferraum ist bedeutend vergrößert worden. Für Ihr großes und kleines Gepäck haben Sie damit den Raum, den Sie sich für weite Reisen wünschen. Die Heckleuchten sind größer und schöner geworden. Sie fassen die Blinkleuchten, Rück-, Brems- und Parklicht zusammen und enthalten serienmäßig einen Rückfahrscheinwerfer. Die neuen Stoßstangen laufen weit um das Wagenheck herum und sind von wuchtiger Stabilität. Die abgebildeten Weißwandreifen werden auf Sonderwunsch geliefert.

So aufgeräumt wie im »Adenauer«-Mercedes ging es auch in den Prospekten zu, die man für dieses Automobil herstellte.

Mehr als nur ein Auto, nämlich eine echte Legende ist der Mercedes-Benz 300 SL, den es 1954–1957 als Flügeltüren-Coupé und von 1957 bis 1963 als Roadster-Cabriolet gab. Die aus einer Rennsport-Konstruktion abgeleiteten Superfahrzeuge kosteten »nur« 29 000 bzw. 32 500 Mark und boten für ihr Geld höchste Exklusivität, dazu auch Fahrvergnügen pur.

So rasant wie das Auto gab sich auch die Werbung dafür. Auf die rennsportliche Herkunft des Fahrzeuges wurde ausdrücklich hingewiesen.

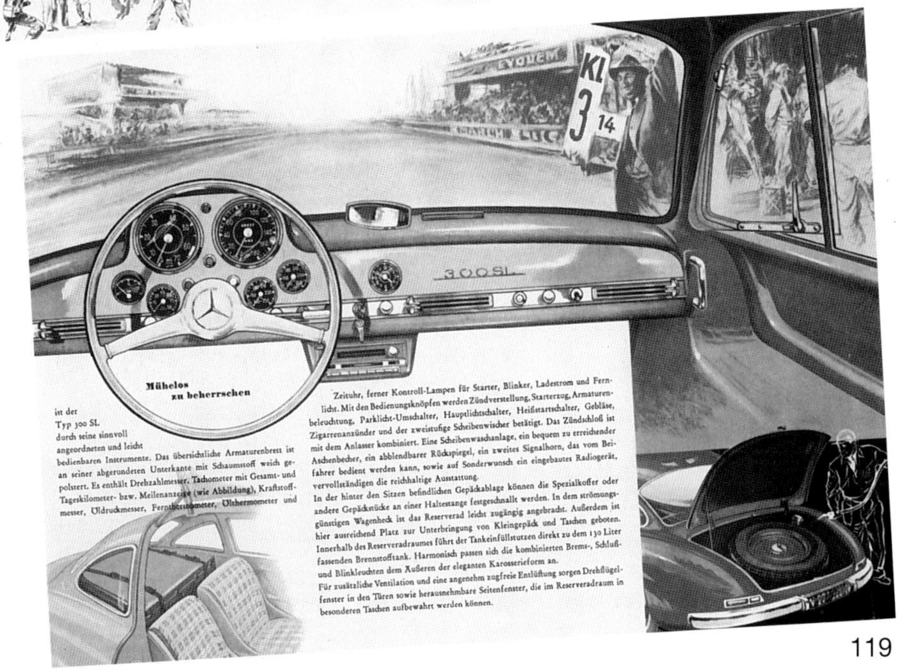

Daß der 300 SL mühelos zu beherrschen sei, stimmte nur, wenn man bei seinem Fahrer Sportwagen-Erfahrung voraussetzte. Die Pendelachse beim Dreihunderter verlangte in bestimmten Fahrsituationen volle Konzentration.

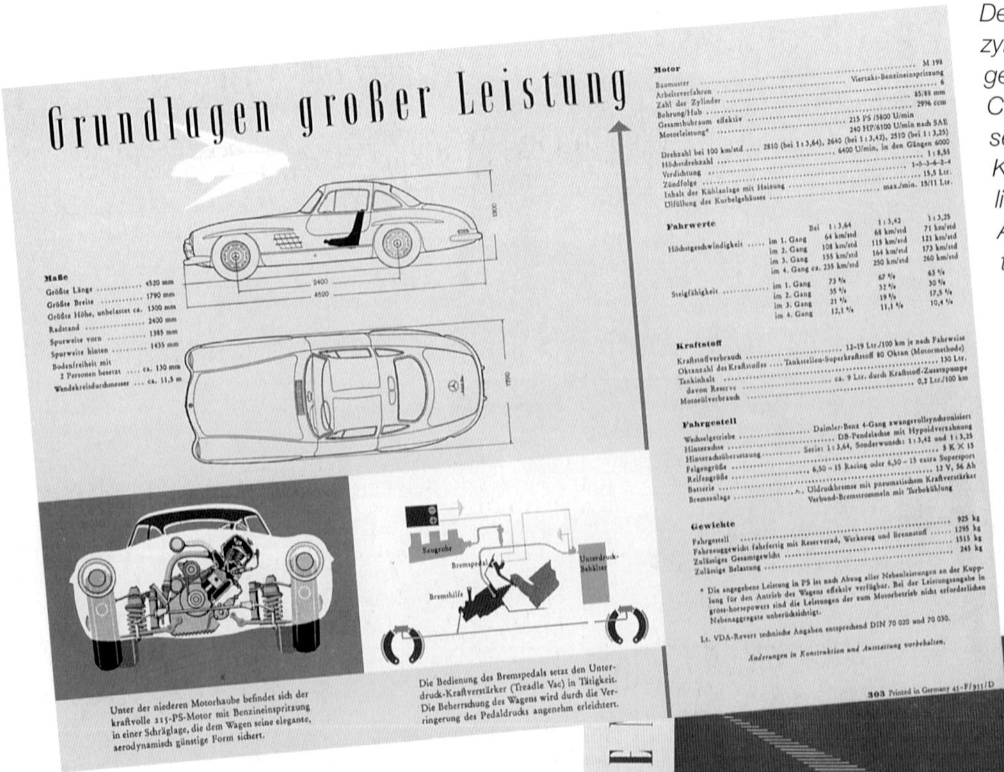

Der leistungsstarke Sechszylinder-Reihenmotor wurde geneigt ins Rohrrahmen-Chassis des 300 SL eingesetzt, damit sich eine flache Karosserie-Silhouette erzielen ließ. Die Werbung für dieses Auto enthielt eingehende technische Aussagen.

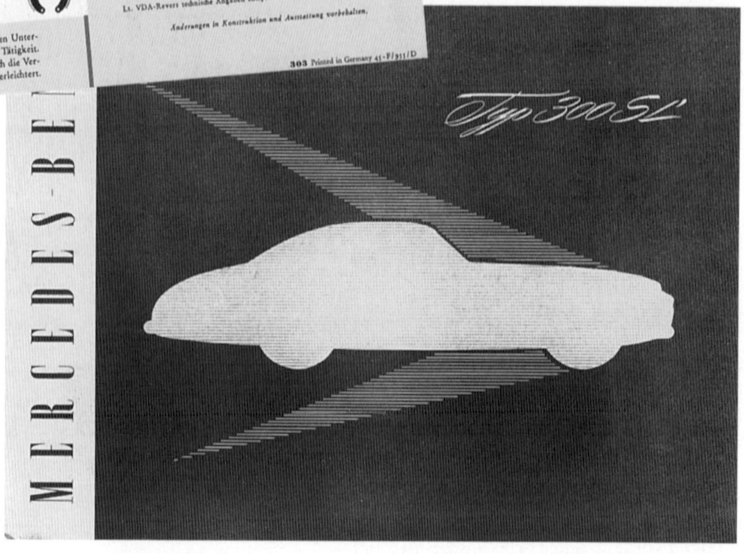

Einband eines 300 SL-Kataloges mit Silberprägung.

MERCEDES-BENZ

Höhere Beschleunigung, noch mehr Bergsteigfähigkeit und eine Reihe von Detailverbesserungen ringsum werden in diesem Prospekt von 1958 apostrophiert. Ein aufwendig illustrierter Farbdruck in der klassischen Mercedes-Benz-Erscheinungsform.

Ein klassisches Motiv für einen englischsprachigen Prospekt, der inhaltlich dem von Seite 32/33 entspricht. Man produzierte ihn für in der Bundesrepublik stationierte US-Kunden. Unten: Einzelblatt für den 190er von 1957.

Werbefotos für den Mercedes-Benz 220 S bzw. 200 SE von 1959. Diese neue Modellgeneration erhielt später den Beinamen „Heckflosse". Links: Fahrtests auf der nassen Schleuderplatte im Werk Stuttgart-Untertürkheim.

Äußerlich unterschied sich der 220 S nur sehr geringfügig vom 220er, z. B. durch einen Chromstab auf den Heckflossen.

Einer der ersten Prospekte für den Mercedes-Benz 220 S/SE zeigt eine Aufnahme aus dem Styling-Atelier. Der Herr ganz rechts ist Paul Bracq, später Karosseriedesigner in leitender Position bei BMW und Peugeot.

Das Fundament grosser Sicherheit

Ihre Sicherheit im 220 S/SE beruht auf der grundsoliden Bauweise dieses Wagens, in der viele wertvolle Erkenntnisse aus sehr aufwendigen Unfallversuchen des Werkes verwirklicht sind. Da ist einmal die starke Rahmenbodenanlage mit ihren kräftigen Längs- und Querträgern. In ihrem Vorderteil nimmt sie den Fahrschemel auf, in dem Vorderradaufhängung, Motor und vollzwangssynchronisiertes Vierganggetriebe montiert sind. Dieses sehr stabile Fundament wird zusätzlich noch mit der mittragenden Karosserie zu einer tragenden Einheit fest verschweißt. Der Fahrgastraum wird dadurch sehr formsteif, während Front- und Heckpartie so ausgeführt sind, daß sie bei einem eventuellen Aufprall die Stoßenergie durch Verformung absorbieren können. Um Geräusche und Schwingungen der Achsen und des Motor-Getriebe-Aggregates von der Karosserie fernzuhalten, werden an vielen Stellen Metall-Gummi-Elemente verwandt: Gummilagerung des Fahrschemels im Rahmen, Gummilagerung des Motor-Getriebe-Aggregates im Fahrschemel. Dasselbe gilt für die Aufhängelager der Hinterachse und der Gelenkwelle.
Das Ergebnis: weder Nebengeräusche noch Vibrationen im Innenraum.

Souverän auf jeder Strasse

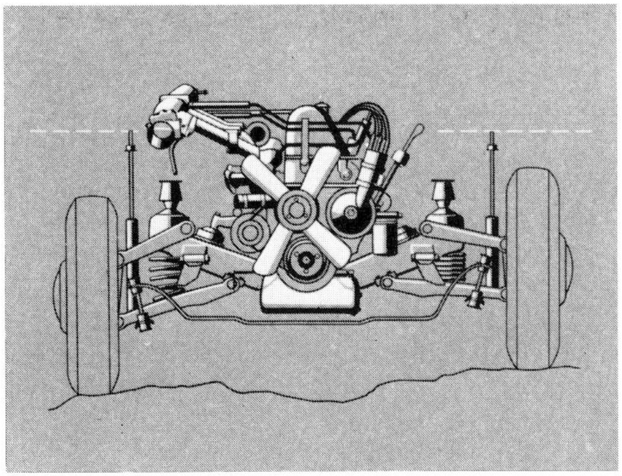

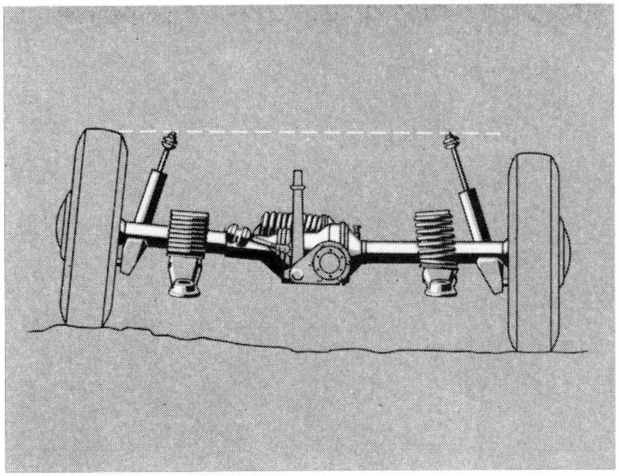

110 PS machten den 220 S an die 165 km/h schnell, und der 10 PS mehr leistende 220 SE erreichte sogar über 170 km/h, was für einen bequemen Reisewagen damals ein beeindruckender Wert war.

Lange Zeit galt im Automobilbau das Gesetz: gute Straßenlage – harte Federung oder aber weiche Federung und dafür weniger gute Straßenlage. Bei Daimler-Benz hat man sich nie mit diesen Alternativen abgefunden, sondern immer versucht, gute Straßenlage mit Federungskomfort zu verbinden. Im 220 S/SE finden Sie den Wagen, bei dem diese Kombination zu idealer Harmonie gereift ist. Maßgebend dafür ist die feine Abstimmung aller Federungselemente. Vorne (siehe oben): unabhängige Einzelradaufhängung, weit außen angreifende, in Gummi aufgehängte Stoßdämpfer, Schraubenfedern mit Gummianschlag, Drehstabstabilisator. Hinterachse (siehe oben): Mercedes-Benz charakteristische Eingelenkpendelachse mit tiefliegendem Drehpunkt und zusätzlicher Ausgleichsfeder in der Mitte. Besondere Erwähnung verdienen die hervorragenden Bremsen des Wagens: Zweikreis-Bremssystem mit Scheibenbremsen vorn.

Mit dieser Bremsanlage läßt sich der Wagen auch aus hohen Geschwindigkeiten schnell und spursicher zum Stand bringen.
Wie souverän, ja ausgesprochen sportlich der 220 S/SE gefahren werden kann, hat sich sehr eindrucksvoll in vielen schweren internationalen Rallyes gezeigt.
Dabei sind Erfolge der letzten Jahre wie z. B. in der Rallye Monte Carlo, in der Rallye Algier Zentralafrika und im schwersten Straßenrennen der Welt für Serienwagen, dem Großen Straßenpreis von Argentinien nicht zuletzt auf die sichere Straßenhaltung dieses Wagens zurückzuführen, gleichgültig, ob es sich um winterliche Straßen, Haarnadelkurven im Gebirge oder Wüstensand handelt. Wo immer Sie Ihren 220 S/SE fahren, vor welche Probleme Sie der Verkehr auch stellen mag – am Steuer dieser Modelle wird Sie immer das Gefühl ruhiger Gelassenheit und der Sicherheit erfüllen.

Auf allen Rennstrecken,

auf denen die sieggewohnten Wagen mit dem weltberühmten Mercedes-Benz-Stern fuhren, haben die Konstrukteure der Daimler-Benz Aktiengesellschaft ihre Erfahrungen gesammelt. Alles, was der Weiterentwicklung dienen konnte, wurde auf den großen internationalen Rennen der härtesten Prüfung unterzogen.

Neben dem sieggewohnten 300 SL ist auch der neue Typ 190 SL mit seinen überragenden Eigenschaften ein vorbildliches Beispiel für den Wert der Rennerfahrung in ihrer Anwendung auf den Serienfahrzeugbau.

Anpassungsfähig an die Wünsche seines Besitzers und bei aller Verwandelbarkeit immer gleich elegant und von bestechender Schönheit, ist der 190 SL der ideale Wagen für alle Automobilisten, die im Hinblick auf Technik und Ästhetik hohe Ansprüche an ihr Fahrzeug stellen.

Ob Sie Ihren Wagen auf täglicher Fahrt im Stadtverkehr oder auf Reisen benutzen wollen, ob Sie bei schönem Wetter das „offene Fahren" lieben oder die repräsentative Note eines geschlossenen Wagens bevorzugen – der Typ 190 SL erfüllt in seiner Vielseitigkeit noch mehr als diese Wünsche.

Die serienmäßige Ausführung in silbergrauer metallic-Lackierung und Spezialsitzen, die wahlweise aus blauem, creme oder grünem Texleder geliefert werden, bietet Ihnen durch ein versenkbares Verdeck und versenkbare Seitenscheiben alle Annehmlichkeiten eines echten Roadsters. Für sportliches Fahren lassen sich die Türen gegen leichte Seitentüren mit Armausschnitt und die Windschutzscheibe gegen eine vor dem Fahrer angebrachte kleine Sportscheibe aus Plexiglas austauschen. Zur weiteren Gewichtsminderung können außerdem das Verdeck und die Stoßstangen abgenommen werden.
Durch Aufsetzen eines auf Sonderwunsch lieferbaren Daches wird der Typ 190 SL Roadster zum Coupé, das gediegene Eleganz mit völliger Witterungsunempfindlichkeit verbindet.
Hohe Leistung und imponierende Fahreigenschaften geben dem Typ 190 SL seinen sportlichen Charakter, während der für einen Touren-Sportwagen außergewöhnliche Raum- und Fahrkomfort, seine zeitsparende Schnelligkeit und Wirtschaftlichkeit dem 190 SL alle Merkmale eines vorzüglichen Gebrauchsfahrzeugs geben.

Coupé mit Leichtmetalldach und Polstersitzen aus echtem Leder. Nach Lösen der innen angebrachten Verschlüsse ist das Dach abzunehmen und offen zu fahren oder gegen ein auf Sonderwunsch lieferbares Roadster-Verdeck austauschbar.

Mit einem Prospektblatt hatte man bereits 1954 einen Prototyp des 190 SL als lang erwarteten Sportwagen vorgestellt.

Erst im November 1955 ging der schon lange angekündigte 190 SL in Serie. Hier der erste Verkaufsprospekt, der die Verwandtschaft zum Wettbewerbswagen deutlich machen soll.

Chrom und imposante Abmessungen allein bestimmen nicht den Grad der Repräsentation eines Automobils. Es bekommt seine individuelle Prägung nicht aus der Höhe des Aufwands, sondern aus der Selbstverständlichkeit, mit der es seine Eleganz zur Schau trägt. Der Mercedes-Benz Typ 190 SL repräsentiert durch die überzeugende Harmonie seiner geschmackvollen Karosserie und seiner hohen Leistung. In diesem Wagen vereinigt sich die klassische Form des Coupés mit der ästhetisch durchgebildeten Stromlinie unserer Zeit. Chrom setzt nur Akzente auf den stilvollen Fluß der Linien. Das Coupé, dem man früher einmal die neidvolle Bezeichnung »Wagen der Egoisten« gab, gilt heute – im Zeitalter der Massenmotorisierung – als die individuelle Form zu repräsentieren.

Repräsentation muß aber halten, was sie äußerlich verspricht. Hier geschieht es: Auch die Innenausstattung – vom Bezug der Sitze bis zum farblichen Zusammenklang der verwendeten soliden Materialien – ist sorgfältig durchdacht und zusammengefügt. Sie reisen in diesem Wagen mit der Freude an den großen und kleinen Annehmlichkeiten des Autofahrens. Und wo immer Sie erscheinen, kennt man Sie sofort als »die Dame oder den Herrn mit dem 190 SL«.

Überall, wo das Dach des Coupés auf der Karosserie aufsitzt, ist durch starke Gummiprofile für staubsichere Abdichtung gesorgt. Sieben Verschlüsse halten es absolut fest.

Nach Lösen der Knebelgriffe oberhalb der Windschutzscheibe und der Verschraubung im Heckteil des Fahrgastraumes ist das Coupédach ohne großen Aufwand abzuheben.

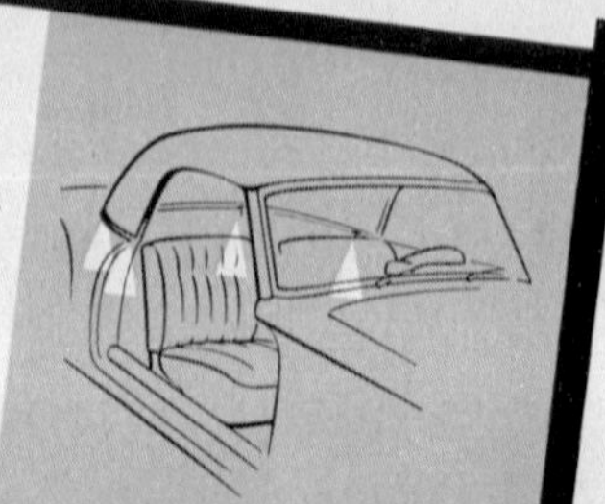

Aus dem repräsentativen Coupé wird so ein eleganter Roadster, dessen voll versenkbares Verdeck Sie nach einfacher Montage leicht öffnen und schließen können.

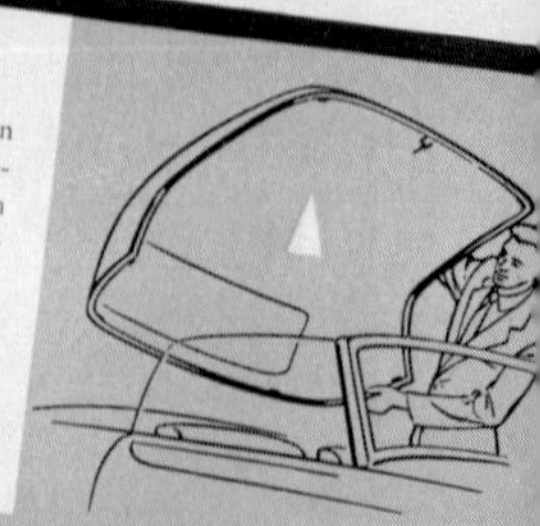

Sehr viel Mühe hatte Daimler-Benz darauf verwendet, dem 190 SL eine gewisse Ähnlichkeit mit dem 300 SL zu geben. Besonders in der Frontansicht war das gelungen.

B-VA63

Hier stellt sich Ihnen der 190 SL als Coupé vor. In dieser repräsentativen Form, sozusagen in seinem Festtagsgewand, hat das rassige Fahrzeug nichts von seinem Temperament verloren – und an Eleganz noch gewonnen. Wo immer Sie auch erscheinen, erregen Sie mit dem bildschönen Wagen Aufsehen – ob Sie nun geschäftlich oder privat unterwegs sind, ob Sie bei Kunden oder bei Ihren Freunden vorfahren. Und die Anerkennung, die man Ihrem 190 SL-Coupé zollt, gilt auch Ihrem sicheren Geschmack. Aber nicht nur die Ästhetik seiner Linien, auch die reichhaltige Innenausstattung betont beim Coupé den repräsentativen Charakter: Polsterbezüge aus echtem, sorgfältig ausgewähltem Leder geben dem Fahrgastraum eine gepflegte Atmosphäre. Die vielen Vorzüge des 190 SL – seine traumhaft sichere Straßenlage, der reich ausgestattete Innenraum, sein Finish bis ins letzte Detail – finden im Coupé ihre Krönung durch die distinguierte äußere Erscheinung. Zu einem solchen Wagen wird man Sie überall beglückwünschen.

Abnehmbares Coupédach

Uberall, wo das Dach des Coupés auf der Karosserie aufsitzt, ist durch starke Gummiprofile für eine staubsichere Abdichtung gesorgt.

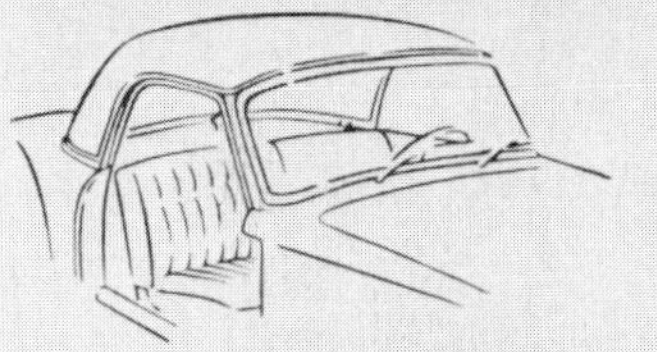

Nach Lösen der Knebelgriffe oberhalb der Windschutzscheibe und der Verschraubung im Heckteil ist das Coupédach ohne Aufwand abzuheben.

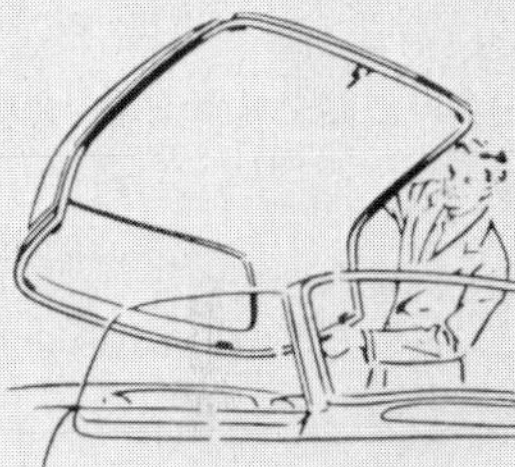

Aus dem repräsentativen Coupé wird so ein eleganter Roadster, dessen voll versenkbares Verdeck (auf Sonderwunsch) Sie nach einfacher Montage leicht öffnen und schließen können.

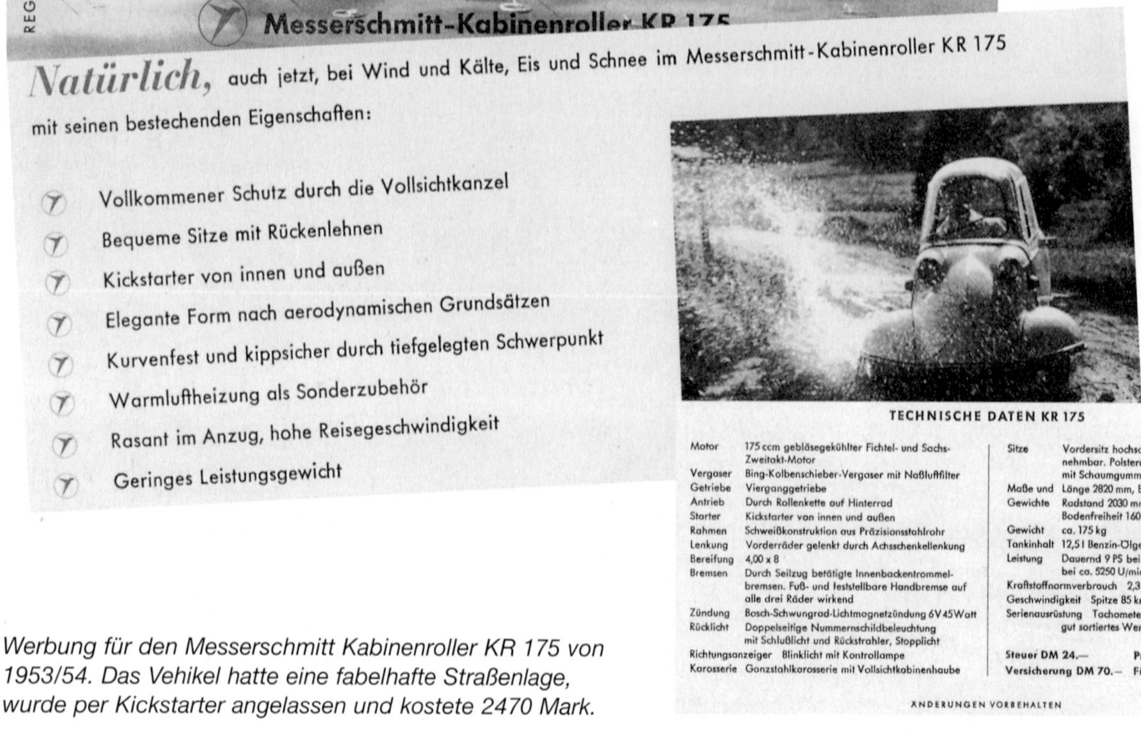

1953 kam der von Messerschmitt gebaute Kabinenroller auf den Markt, ein unorthodoxer Zweisitzer mit hintereinanderliegenden Plätzen und einer Glaskuppel, die sich zum Ein- und Aussteigen zur Seite kippen ließ. Das dreirädrige Fahrzeug sollte vor allem Motorradfahrer zum Umsteigen animieren.

Werbung für den Messerschmitt Kabinenroller KR 175 von 1953/54. Das Vehikel hatte eine fabelhafte Straßenlage, wurde per Kickstarter angelassen und kostete 2470 Mark.

Der zehnseitige Prospekt dieses Buchtitels zeigt auf dem Umschlag und in der Mitte die farbigen Abbildungen der beiden Olympia-Limousinen von 1951.

Mit dem Modell 1950 begann bei Opel das Chromzeitalter. Das markante neue Styling zierte die Titelseite des 4-Farb-Prospekts.

Behaglicher Innenraum

Breite und bequeme Polstersessel mit in den Farbtönen zart abgestimmten Stoffen geben dem Innenraum eine angenehme Behaglichkeit. Gummihaar, ein neuartiges Polstermaterial, ist zugleich anschmiegsam, weich und dauerhaft. Große Fenster, bequeme Armlehnen und vergrößerte Kopf- und Ellbogenfreiheit sind Vorteile, die man kennenlernen sollte. Der geräumige Kofferraum ist von innen zugänglich und daher vor unerwünschtem Zugriff sicher geschützt. Beim Öffnen der Tür wird der Innenraum automatisch beleuchtet.

Ganzstahl-Karosserie

Diese bewährte, nach dem Brückenbausystem entwickelte Konstruktion vereint geringes Eigengewicht mit hoher Festigkeit. Hochwertiger Stahl und doppelte Tauchlackierung machen die Karosserie völlig wetterunempfindlich.

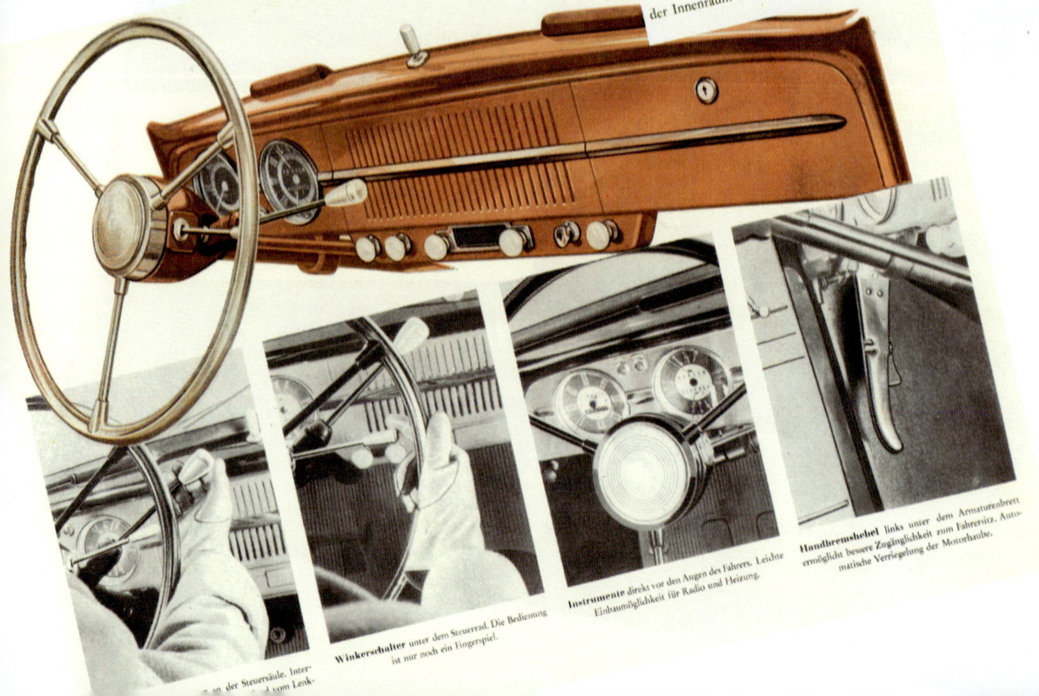

Winkerschalter unter dem Steuerrad. Die Bedienung ist nur noch ein Fingerspiel.

Instrumente direkt vor den Augen des Fahrers. Leichte Einbaumöglichkeit für Radio und Heizung.

Handbremshebel links unter dem Armaturenbrett ermöglicht bessere Zugänglichkeit zum Fahrersitz. Automatische Verriegelung der Motorhaube.

Neu beim Modell 1950 war das Armaturenbrett mit Radioblende und die praktische Lenkradschaltung.

Der 1955er Opel Kapitän, in dieser Ausführung bis Anfang 1958 hergestellt, kostete bei seiner Einführung nicht mehr als 9510 Mark und galt als zuverlässiger, langlebiger Qualitätswagen für hohe Ansprüche.

TYP 356
W 22-4867
Strenger 51
PORSCHE

Die konstruktive Verwandtschaft des Porsche 356 mit dem VW Käfer war anfangs noch sehr eng. Vom Modelljahrgang 1950 an, dem zweiten Baujahr des Porsche 365, verschwand die Mittelstrebe in der Frontscheibe.

Dieser Prospekt spiegelt noch die frühe Nachkriegszeit wieder. Er wurde 1950 in Stuttgart gestaltet und gedruckt. Im Text verweist man auf die Konstruktionen Ferdinand Porsches in den zurückliegenden Jahrzehnten.

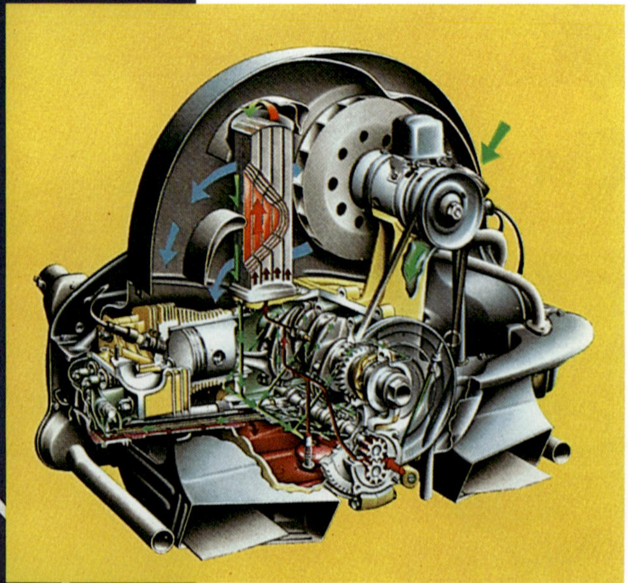

Der gebläsegekühlte Boxermotor des Volkswagens. Die Spezifikation des Solex-Vergasers änderte sich während der fünfziger Jahre mehrfach. Ab 1954 hatte das Aggregat 1192 ccm und 30 PS.

Links: Viele Detail-Illustrationen dieses 1957er Prospektes, den es in sechs verschiedenen Sprachen gab, hatte man von der 1954er Ausgabe übernommen.

DAS FAHRGESTELL

FEDERUNG VORN

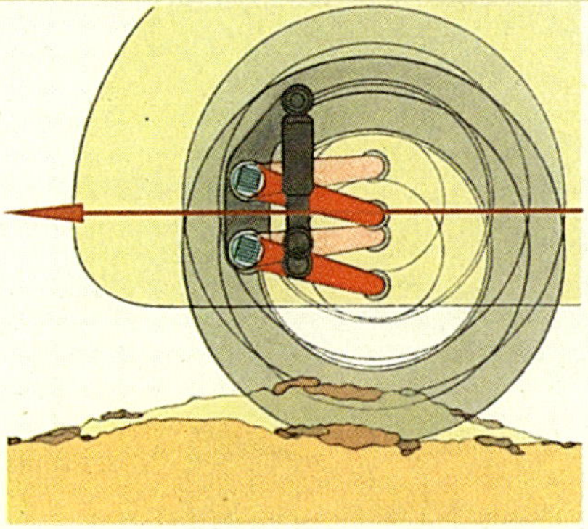

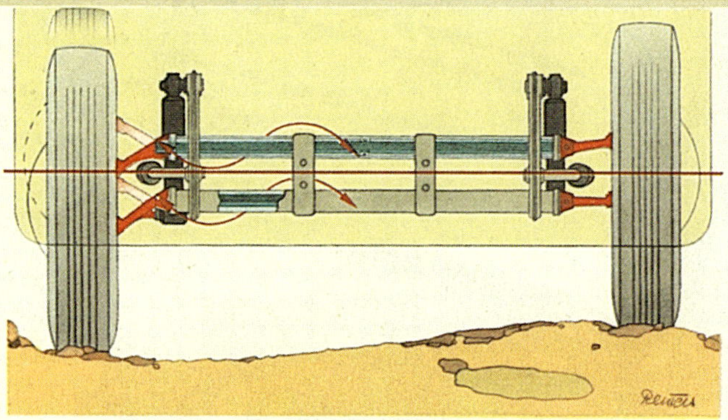

Alle vier Räder des VW sind einzeln aufgehängt und unabhängig voneinander gefedert (Vollschwingachs-Prinzip)

Vorn bergen zwei parallele, miteinander verbundene Querrohre je einen durchgehenden, aus acht Federblättern bestehenden Vierkant-Torsionsstab, dessen Ende jeweils mit dem dazugehörigen Traghebel verbunden ist. Die Traghebel bilden Parallelogramme, die unter allen Fahrbedingungen eine einwandfreie Federungs-Geometrie und progressiv ansteigende Federkräfte ergeben. Die Spur bleibt beim Durchfedern der Räder auf Unebenheiten unverändert.

FEDERUNG HINTEN

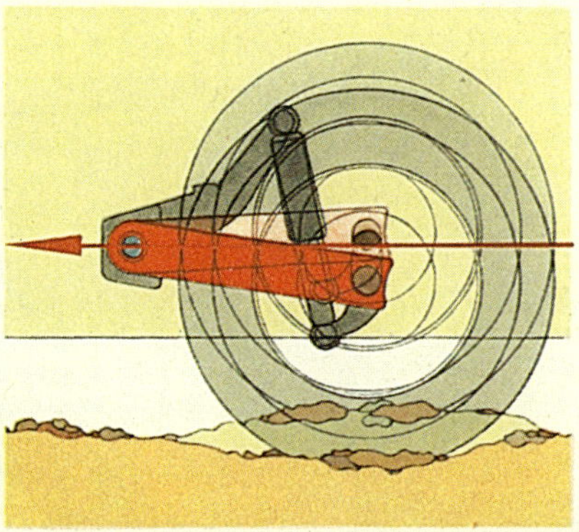

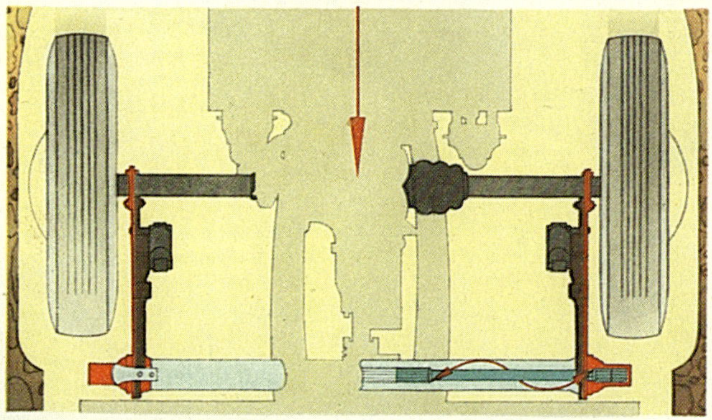

Die Hinterachse besteht aus zwei Pendel-Halbachsen, die ebenfalls unabhängig voneinander durchfedern können. In einem durchgehenden Querrohr befinden sich zwei in Rahmenmitte abgestützte Torsionsstäbe, die, durch Federstreben mit den Halbachsen verbunden, jedes Rad einzeln weich abfedern • *Dank dieses fortschrittlichen Federungs-Systems, das in sich sorgfältig abgestimmt und durch hydraulische Langhub-Teleskopstoßdämpfer progressiv gedämpft ist, wird ein Fahrverhalten erreicht, das völlig frei von Nickbewegungen und störendem Nachschwingen bleibt, wie dies vordem gewöhnlich nur bei Fahrzeugen von viel größerem Radstand möglich war.*

Das bei Karmann in Osnabrück hergestellte Cabriolet auf Käfer-Basis war vor allem bei Damen sehr beliebt. Die Verbrauchsangabe von 7,5 Liter Benzin pro 100 Kilometer galt für einen 25-PS-Motor als wirklich niedrig.

Anfang der 50er Jahre gewannen weiche, geschwungene Formen an Beliebtheit, ein Umstand, dem Autokünstler Reuters in diesem Katalog Rechnung trug.

Cabriolet

ZWEI WAGEN IN EINEM! Das VW-Cabriolet für hohe Ansprüche an die Ausstattung. Das wetterfeste, zugdichte Verdeck läßt sich in Sekunden öffnen und schließen (Karmann-Karosserie)

VW-SONNENDACH, Bild unten, für Standard- und Export-Modell auf Wunsch lieferbar. Während der Fahrt ist es mit einem einzigen Handgriff in jeder Stellung fixierbar (Bauart Golde)

pumpe. Wenn die gute Straßenlage und Fahrsicherheit des VW als Kombination von tiefer Schwerpunktlage, harmonischer Gewichtsverteilung, leichtgängiger Lenkung und Torsionsstab-Federung überhaupt noch zu steigern war, so neuerdings durch die verfeinerte, weichere Abfederung der einzeln aufgehängten Räder. Während der schaltfreudige und sportlich fahrende Automobilist im Standard-Modell wie bisher auf seine Rechnung kommen kann, genießt der außerdem auf Bequemlichkeit bedachte VW-Fahrer im Export-Modell das neue, synchronisierte Getriebe, mit dem das Schalten zum Spiel wird. Zudem wurde das Erscheinungsbild des Wagens innen wie außen geschmackvoll modernisiert und der Forderung nach höchster Annehmlichkeit des Fahrens, z. B. durch wirkungsvolle Abdämpfung der Geräusche, verbesserte Form und Federung der Sitze, schwenkbare Drehfenster an den beiden Türen, leistungsfähigere Scheibenwischer und verfeinerte Heizungsregulierung, Rechnung getragen • Was aber gleich blieb und auch nicht zu steigern war, das ist die vollendete Synthese von Leistung und Wirtschaftlichkeit. Sein verblüffend geringer Kraftstoffverbrauch, seine Anspruchslosigkeit in Unterhalt und Pflege, die Erhaltung seiner Wertbeständigkeit, die Vorteile eines weitgespannten und engmaschigen Kundendienst-Netzes haben den so fahrtüchtigen VW zum populärsten deutschen Automobil gemacht. Hinsichtlich seiner Wendigkeit im Verkehrsgewühl und auf Serpentinen und vor allem auch hinsichtlich seiner Ansprüche an die Brieftasche ist er freilich ein „kleiner Wagen"; seine Schnelligkeit, seine Ausdauer, seine Leistung schlechthin aber heben ihn weit über sich selber hinaus: der VW ist eben eine „KLASSE FÜR SICH", ein Automobil für alle Ansprüche und hält mit Sicherheit den errungenen Vorsprung!

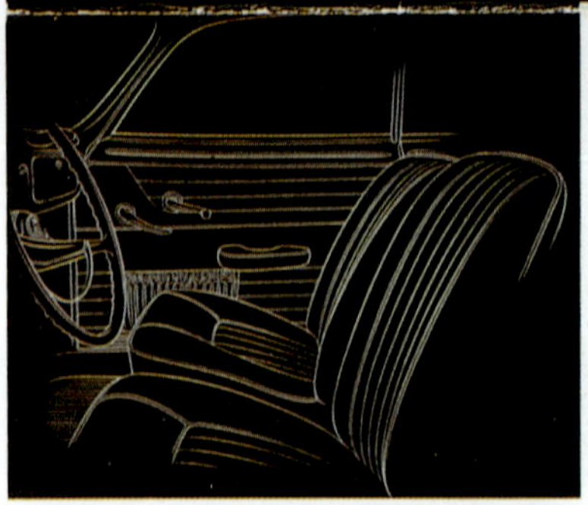

Meister der Karosseriegestaltung haben im Karmann-Ghia-Coupé einen schnittigen und besonders repräsentativen Wagen geschaffen, der ungewöhnlich rasch weltweite Anerkennung gefunden hat. Sein Erfolg beruht nicht allein auf der äußeren Eleganz, denn es gibt viele bestechend elegante Automobile. Erfolgsentscheidend war die geglückte Kombination der Karosserie mit dem berühmten Volkswagenchassis und dem weltbewährten VW-Motor. Diesem international begehrten Coupé, das jetzt noch in Ausstattung und Technik mancherlei Verfeinerungen aufweist, hat sich nun das durch die gleichen VW-Vorzüge ausgezeichnete Karmann-Ghia-Cabriolet zugesellt: der Traumwagen für verwöhnte Automobilisten, die schnelles sportliches Fahren auch mit offenem Verdeck lieben. Die Wahl zwischen diesen beiden Schöpfungen des modernen Karosseriebaues wird schwerfallen, denn in beiden Modellen vereinen sich letzte technische Perfektion mit modischem Charme und zeitlos schöner Linie.

Von Reutters gestalteter Katalog für den Karmann Ghia aus dem Jahr 1959. Von ihm stammen die meisten VW-Katalog-Illustrationen jener Zeit.

ZÜNDAPP

Titelseite des ersten Farbkatalogs für den Janus, den die Firma Zündapp 1957 herausbrachte. Die Drucksache war in Gestalt einer Zeitung aufgemacht und enthielt mehr Informationen, als sie andere Hersteller üblicherweise in ihren Prospekten zu veröffentlichen pflegten.

Die aus einer Strickmaschinen- und Fahrradfabrik hervorgegangenen NSU-Werke in Neckarsulm bauten ab 1906 auch Automobile, schufen sich ihre Weltgeltung jedoch vorrangig mit Motorrädern. Ab 1958 gab es auch wieder NSU Autos, erst Kleinwagen, die sich allmählich zur Mittelklasse mauserten, dann folgte 1964 ein sensationeller Spider mit Wankelmotor und 1967 der legendäre Ro 80. 1969 erfolgte der Zusammenschluß mit Audi.

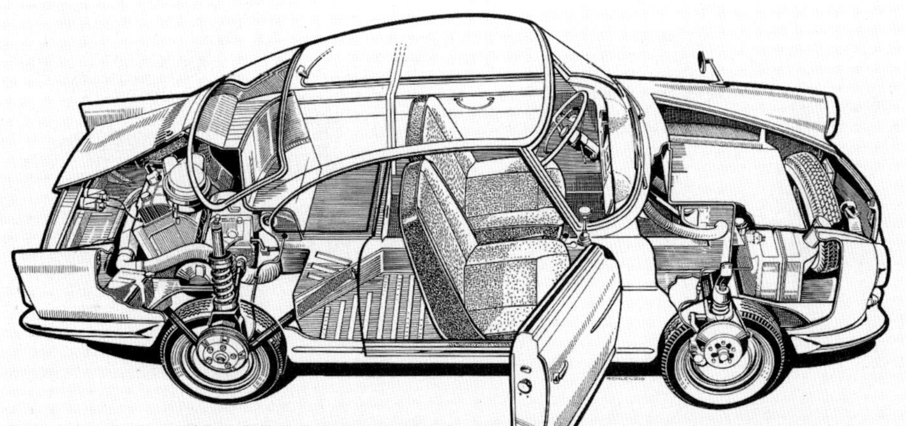

NSU Sport-Prinz: Ein elegantes Fließheck-Coupé mit italienischen Linien, gebaut von 1959 bis 1967. Der Wagen blieb aber eine Rarität auf den deutschen Straßen.

Sport-Prinz-Coupé mit Innenleben

Auf diesem Bild kann man gut erkennen, daß die Schönheit eines Automobils nicht zu Lasten der inneren Raumverhältnisse zu gehen braucht. Im Sport-Prinz gibt es jedenfalls viel Platz. Zwei bequeme Sessel für Fahrer und Begleiter, eine reichlich bemessene Ellbogenbreite und ein nach Belieben variabler Raum für die Beine bieten alle Voraussetzungen für bequemes Fahren.

Der Sport-Prinz-Motor leistet 30 PS. Diese Leistung, die er bei einer Drehzahl von 5500 U/min. erreicht, stellt nicht die letzte Ausbeute dieses Motors dar.

Man beschränkte sich bei NSU auf diese PS-Zahl zugunsten einer langen Lebensdauer. Bei einem optimal niedrigen Eigengewicht des Sport-Prinz von 555 kg schaffen diese 30 PS eine Spitze von 130 km/h. Die Beschleunigungs- und Bergsteigewerte sind ähnlich gut. Die hervorragende Straßen- und Kurvenlage des Sport-Prinz-Coupés wurde inzwischen sprichwörtlich.

Zum guten Fahrkomfort gehört eine ausgewogene Federungscharakteristik. Beim Sport-Prinz sind die Räder vorn an Trapezlenkern aufgehängt und über Schraubenfedern mit Stoßdämpfern abgestützt. Ein Querstabilisator vorn sorgt außerdem für optimale Kurvenfestigkeit. Die Hinterräder werden gleichermaßen über Schraubenfedern und Stoßdämpfer, kombiniert mit Prinzair-Luftkissen, gefedert und durch Querlenker geführt.

Zu einem schnellen Auto gehören selbstverständlich auch starke Bremsen. Der NSU-Sport-Prinz ist mit Scheibenbremsen vorn XXXXXXXXXXXXXXXX) und großen Trommelbremsen an den Hinterrädern gut gerüstet für alle Fälle.

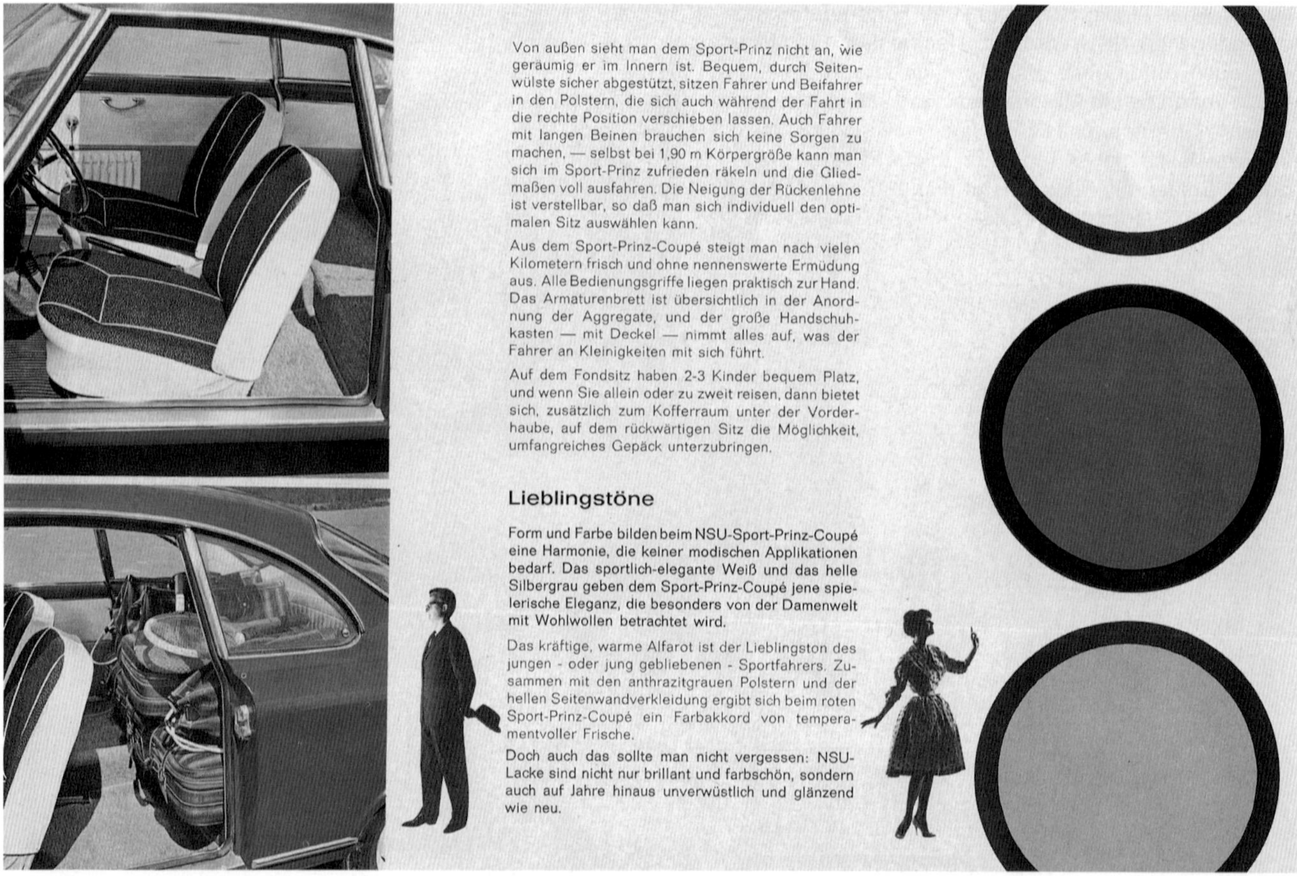

Von außen sieht man dem Sport-Prinz nicht an, wie geräumig er im Innern ist. Bequem, durch Seitenwülste sicher abgestützt, sitzen Fahrer und Beifahrer in den Polstern, die sich auch während der Fahrt in die rechte Position verschieben lassen. Auch Fahrer mit langen Beinen brauchen sich keine Sorgen zu machen, — selbst bei 1,90 m Körpergröße kann man sich im Sport-Prinz zufrieden räkeln und die Gliedmaßen voll ausfahren. Die Neigung der Rückenlehne ist verstellbar, so daß man sich individuell den optimalen Sitz auswählen kann.

Aus dem Sport-Prinz-Coupé steigt man nach vielen Kilometern frisch und ohne nennenswerte Ermüdung aus. Alle Bedienungsgriffe liegen praktisch zur Hand. Das Armaturenbrett ist übersichtlich in der Anordnung der Aggregate, und der große Handschuhkasten — mit Deckel — nimmt alles auf, was der Fahrer an Kleinigkeiten mit sich führt.

Auf dem Fondsitz haben 2-3 Kinder bequem Platz, und wenn Sie allein oder zu zweit reisen, dann bietet sich, zusätzlich zum Kofferraum unter der Vorderhaube, auf dem rückwärtigen Sitz die Möglichkeit, umfangreiches Gepäck unterzubringen.

Lieblingstöne

Form und Farbe bilden beim NSU-Sport-Prinz-Coupé eine Harmonie, die keiner modischen Applikationen bedarf. Das sportlich-elegante Weiß und das helle Silbergrau geben dem Sport-Prinz-Coupé jene spielerische Eleganz, die besonders von der Damenwelt mit Wohlwollen betrachtet wird.

Das kräftige, warme Alfarot ist der Lieblingston des jungen - oder jung gebliebenen - Sportfahrers. Zusammen mit den anthrazitgrauen Polstern und der hellen Seitenwandverkleidung ergibt sich beim roten Sport-Prinz-Coupé ein Farbakkord von temperamentvoller Frische.

Doch auch das sollte man nicht vergessen: NSU-Lacke sind nicht nur brillant und farbschön, sondern auch auf Jahre hinaus unverwüstlich und glänzend wie neu.

Im Fond sei Platz für zwei oder drei Kinder, hieß es im Werbetext für den Sport-Prinz. Die Kinder mußten aber noch sehr klein sein und ihre Spielsachen zu Hause lassen…

Die rassige und von zeitloser Schönheit gekennzeichnete Karosserie stammte von Bertone; in Turin wurden bis November 1960 auch die Aufbauten hergestellt, danach bei der Firma Drauz in Heilbronn.

Opel, einer der ältesten deutschen Automobilhersteller, hatte sich seit Anbeginn einen Namen für solide, wirtschaftliche und langlebige Fahrzeuge gemacht. Die Produktion nach dem Zweiten Weltkrieg begann 1947/48 mit den Modellen Olympia und Kapitän – Fahrzeuge, deren Konstruktion aus der Vorkriegszeit stammte, die aber noch lange Jahre mit immer wieder modernisierten Karosserien ihre Aktualität und Wettbewerbsfähigkeit behalten sollten.

Opel Olympia Rekord, Modell 1957. Die Linie des Rüsselsheimer Fortschritts gegen die Linie der Vernunft, die von Ford in Köln propagiert wurde… Die zweitürige Vierzylinder-Limousine kostete 6260 Mark.

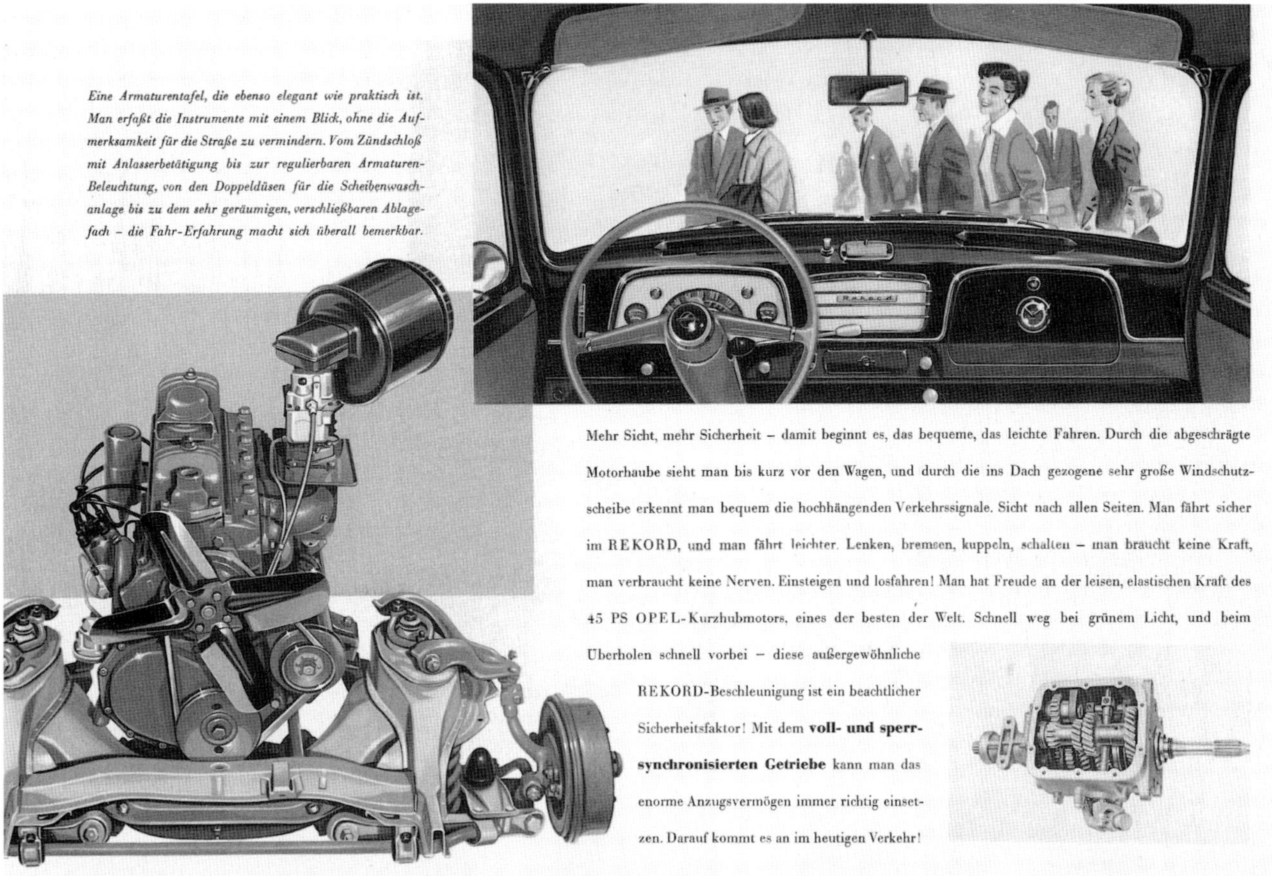

Eine Armaturentafel, die ebenso elegant wie praktisch ist. Man erfaßt die Instrumente mit einem Blick, ohne die Aufmerksamkeit für die Straße zu vermindern. Vom Zündschloß mit Anlasserbetätigung bis zur regulierbaren Armaturen-Beleuchtung, von den Doppeldüsen für die Scheibenwaschanlage bis zu dem sehr geräumigen, verschließbaren Ablagefach – die Fahr-Erfahrung macht sich überall bemerkbar.

Mehr Sicht, mehr Sicherheit – damit beginnt es, das bequeme, das leichte Fahren. Durch die abgeschrägte Motorhaube sieht man bis kurz vor den Wagen, und durch die ins Dach gezogene sehr große Windschutzscheibe erkennt man bequem die hochhängenden Verkehrssignale. Sicht nach allen Seiten. Man fährt sicher im REKORD, und man fährt leichter. Lenken, bremsen, kuppeln, schalten – man braucht keine Kraft, man verbraucht keine Nerven. Einsteigen und losfahren! Man hat Freude an der leisen, elastischen Kraft des 45 PS OPEL-Kurzhubmotors, eines der besten der Welt. Schnell weg bei grünem Licht, und beim Überholen schnell vorbei – diese außergewöhnliche REKORD-Beschleunigung ist ein beachtlicher Sicherheitsfaktor! Mit dem **voll- und sperrsynchronisierten Getriebe** kann man das enorme Anzugsvermögen immer richtig einsetzen. Darauf kommt es an im heutigen Verkehr!

Vollsynchronisierte Getriebe wurden in den fünfziger Jahren noch groß herausgestellt; das lästige Zwischengas-Schalten war vielen Autofahrern in bester Erinnerung.

Glatte Fahrt über rauhe Strecken, sicher durch die Kurven, schnell im Spurt und zuverlässig beim Stop - das sind Fahreigenschaften, die Sicherheit bedeuten. Bei jeder Fahrt liefert der REKORD den Beweis dafür.

Sie haben es nie weit bis zum nächsten OPEL Kundendienst – falls Sie ihn brauchen sollten. Das ist ein zusätzlicher Vorteil, wenn Ihr Wagen ein REKORD ist. Sie werden schnell und vor allem fachgerecht bedient. Spezialisten pflegen Ihren Wagen in der weitverzweigten OPEL Kundendienst-Organisation und sorgen für die Erhaltung des Wertvollsten: der OPEL-Zuverlässigkeit.

OPEL

Im Ausland stehen Sie unter sicherem Schutz bei den Service-Stationen der GENERAL MOTORS Export-Organisation.

Raum bedeutet Bequemlichkeit: Im REKORD ist der Fond kein „zweiter Rang"! Die notwendige Beinfreiheit ist nicht durch Verkürzung der Sitzflächen geschaffen worden. Der REKORD hat tiefe und breite Sitze, dauerhaft gepolstert mit Gummihaar-Formkissen und Schaumstoff-Auflage, in zwei Farben bezogen mit festem, schmutzabweisendem Gewebe. So fühlen sich alle behaglich, so sitzen alle bequem. Man kann sich bewegen, man hockt nicht in Tuchfühlung. Man hat Raum über dem Kopf. Auch die Einzelheiten der Ausstattung lassen keine Wünsche offen. Von den Kleiderhaken, den Armlehnen bis zu den Sonnenblenden und dem elektrischen Zigarrenanzünder – praktisch ist der REKORD eingerichtet. Einschlüssel-Bedienung, einfriergeschützte Außenschlösser – es gibt immer wieder neue Gründe, sich darüber zu freuen, daß man einen REKORD besitzt!

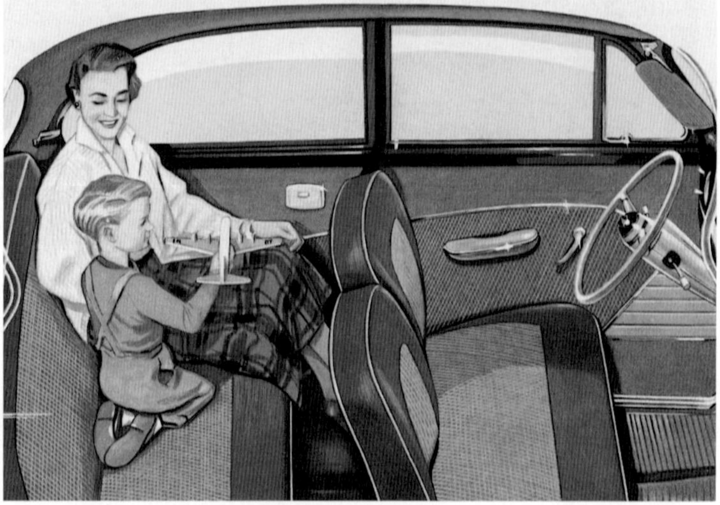

Die vordere Sitzbank anstelle zweier Einzelsitze gab es damals in den meisten Limousinen; lediglich die Rückenlehnen waren (bei Zweitürern) getrennt und ließen sich einzeln umlegen, um den Fondpassagieren das Ein- und Aussteigen zu erleichtern – oder überhaupt zu ermöglichen.

Der Opel Olympia Rekord war ein eleganter Wagen der oberen Mittelklasse, wie man sie damals definierte, und mit 122 km/h Spitze schnell genug auf Deutschlands Autobahnen. Nicht vor 1958 gab es den Rekord auch als Viertürer zu kaufen.

Repräsentativ, komfortabel, fortschrittlich: Das waren die Argumente, die 1955 für den Opel Kapitän sprachen. Serienmäßig hatte der Wagen bereits schlauchlose Reifen, und mit einer Spitze von 138 km/h war man wirklich »schnell«.

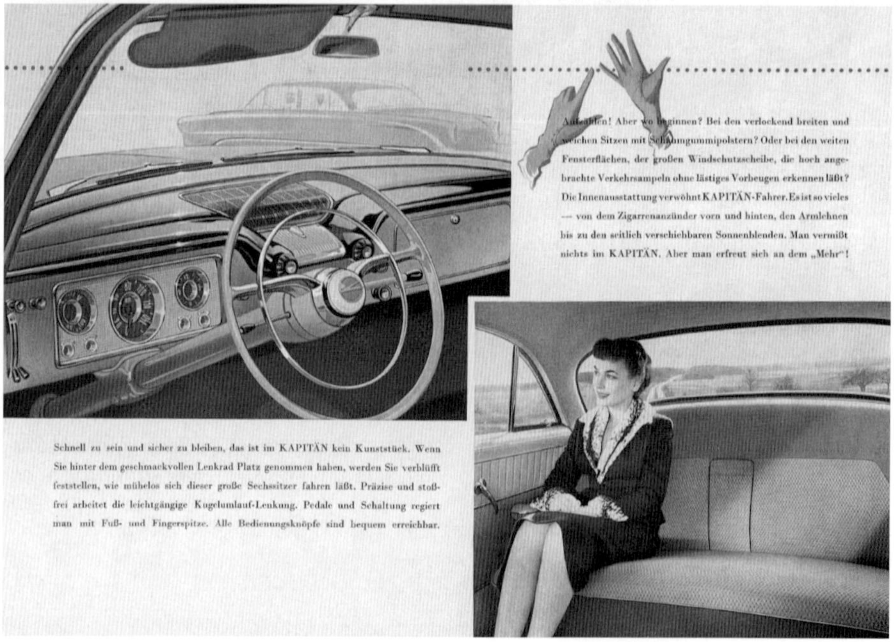

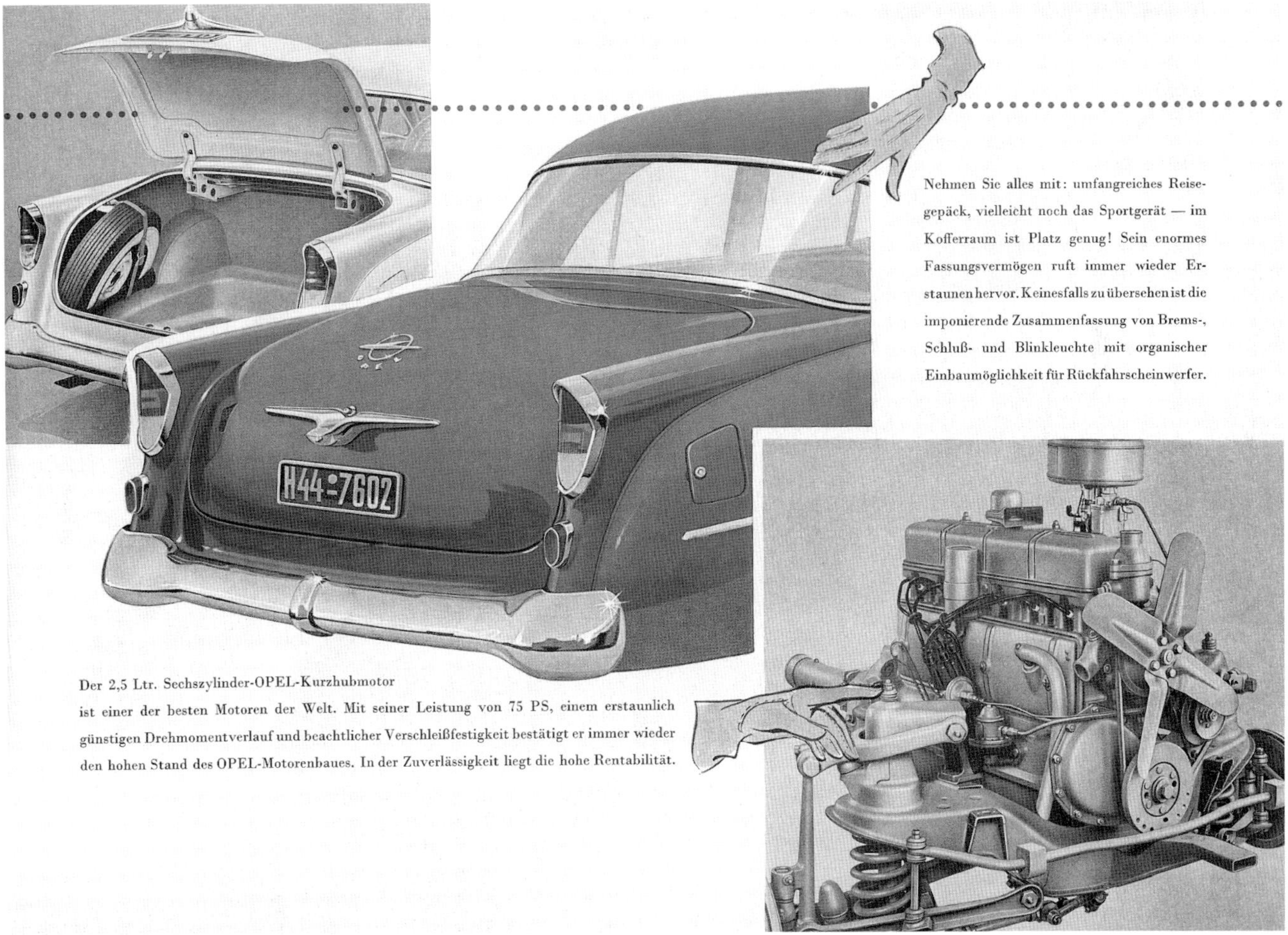

Nehmen Sie alles mit: umfangreiches Reisegepäck, vielleicht noch das Sportgerät — im Kofferraum ist Platz genug! Sein enormes Fassungsvermögen ruft immer wieder Erstaunen hervor. Keinesfalls zu übersehen ist die imponierende Zusammenfassung von Brems-, Schluß- und Blinkleuchte mit organischer Einbaumöglichkeit für Rückfahrscheinwerfer.

Der 2,5 Ltr. Sechszylinder-OPEL-Kurzhubmotor ist einer der besten Motoren der Welt. Mit seiner Leistung von 75 PS, einem erstaunlich günstigen Drehmomentverlauf und beachtlicher Verschleißfestigkeit bestätigt er immer wieder den hohen Stand des OPEL-Motorenbaues. In der Zuverlässigkeit liegt die hohe Rentabilität.

Opel behauptete, ihr Sechszylinder sei einer der besten Motoren der Welt. Das bestätigten Opel-Fahrer gern. Die 2,5-Liter-Konstruktion aus den dreißiger Jahren blieb noch viele Jahre up to date.

PORSCHE

Die von ihrem österreichischen Exil in Gmünd nach Stuttgart übersiedelte Firma Porsche brachte 1949 den Sportwagen 356 auf den Markt, dessen technisches und gestalterisches Konzept über Jahrzehnte Gültigkeit behalten sollte.

Aus einem Porsche-Katalog von 1952.

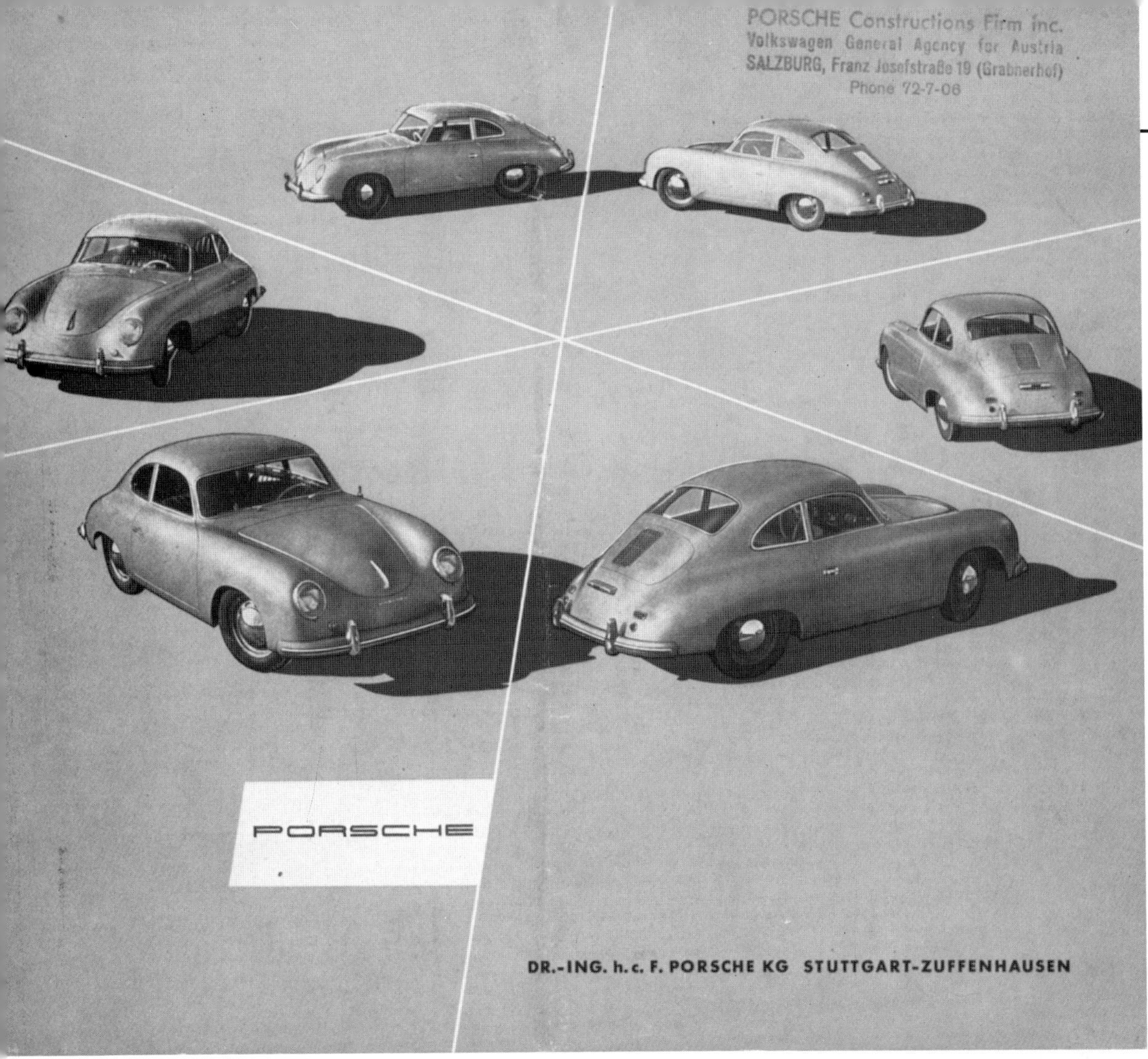

Rechts: Das von Porsche entwickelte Synchrongetriebe wurde in vielen Werbemitteln immer wieder herausgestellt.

Ein Porsche-Prospekt für den amerikanische Markt. Schon früh waren die Stuttgarter in hohem Maße export-orientiert; viele Amerikaner kauften sich ihren Porsche anläßlich eines Europatrips gleich ab Werk.

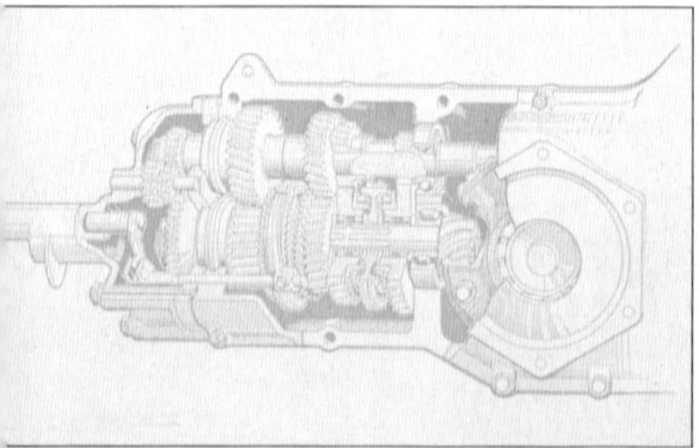

Der 356 von seiner besten Seite. Das Fließheck war ein wirklich markantes Design. Links das Armaturenbrett des 1953er Modells 356.

PORSCHE

Ein 1958 veröffentlichter Prospekt, entworfen vom Atelier Lohrer. Er hat einen feuerroten, cellophanierten Einband und ist mit viel weißem Raum gestaltet. Die abgebildeten Fahrzeuge stehen sozusagen im „luftleeren Raum" – das war damals modern.

Le Cabriolet
est d'une beauté exquise et offre par son équipement intérieur harmonieux, par le raffinement des tons riches et de bon goût, un confort qui ne laisse plus rien à désirer. La voiture se transforme en hiver sans peine en un coupé aux lignes heureuses, grâce à un Hardtop facile à placer.

Le Hardtop
est un des cadets et en même temps un des modèles les plus populaires de la maison Porsche. La possibilité de rouler à l'air libre en ete et à l'abri en hiver, assurant ainsi le même confort que celui que présente le coupé, a conduit ce modèle à un succès rapide, modèle caractérisé par les grandes surfaces de ses glaces et ses montants étroits.

La création de formes est l'expression du style
de notre époque. Autrefois, on construisait,
on peignait, on pensait autrement qu'au-
jourd'hui; les recherches toujours plus pous-
sées et les connaissances sans cesse croissan-
tes ont changé l'aspect du monde et les for-
mes de vie. Les choses ont pris une autre
expression. Ainsi il n'y a rien d'étonnant à ce
que les carrosseries des automobiles évo-
luent également, étant donné qu'elles sont
étroitement liées à l'homme, qui rêve de les
conduire ou de les posséder. Si la maison
Porsche s'est décidée à apporter quelques
modifications de style à sa voiture, qui de-
puis son lancement sur le marché n'avait pra-
tiquement pas changé de ligne, ce n'est pas
pour faire sa révérence au goût du jour en
ajoutant des chromes supplémentaires, mais
essentiellement pour augmenter la sécurité
et le confort des passagers. Ainsi, le profil
de la voiture, de conception presque clas-
sique, n'a rien perdu de sa silhouette allongée
et basse. Seuls les emplacements des phares
ont été un peu surélevés pour obtenir, sur la
route, avec les phares code asymétriques, un
faisceaux lumineux plus efficace et pour rou-
ler ainsi avec plus de sécurité. Le nouveau
modèle a hérité un peu de l'élégance racée
de la Spyder grâce à ses garde-boue élancés.
En même temps, les pare-chocs qui protègent
les phares anti-brouillard, placés extrême-
ment bas, ont été remontés, redessinés et
munis de butoirs très proéminents. La nou-
velle et large poignée de capot, garnie de
l'écusson Porsche traditionel, et les deux pri-
ses d'air, placées sous les phares, qui en-
voient l'air de refroidissement aux freins,
s'accordent avec l'allure imposante de l'avant
de la voiture. Les nouveaux freins, encore
améliorés, prouvent combien les expériences
des courses, appliquées aux voitures de tou-
risme, leur sont profitables. Les freins avant
et arrière ont été équipés de 72 ailettes axia-
les de refroidissement coulées d'une pièce

avec le tambour en alliage
deux rainures formant chican
que de frein et le tambour a
chéité. La nouvelle garniture
déjà fait amplement ses pre
core plus facilement; elle
sensible à la chaleur et à
s'est pas contenté d'une ret
la carrosserie en donnant
pressionnante à l'avant de
au principe de mettre ent
lote une des voitures offr
sécurité routière, Porsche
foule d'émeliorations tech
nir cette harmonie de for
de comfort qui donnent
que qu'éprouve le cond
ture. La plus grande con
à la sécurité fut, dès le
de solutions techniques
rection précise, les frei
de route remarquable
ceptionnel du moteur e
boutons de commande
nouveaux modèles son
mer les miroitements d
rement bombé. Il en
nouveau volant de
trois rayons, avec mo
tours et le tachymètre
dans le champ visu
que, sur la colonne
inverseur son-lumièr
sonores et lumineux
vitesses Porsche, de
qui est d'ailleurs m
voitures de course
des du monde, a
le conducteur afir
main et le levier.
gance, la voiture
de ses qualités te
sûr de son propr
Les moteurs Pors

Innenseiten des 356-B-Prospektes. Es handelt sich um die französischsprachige Version; die Zeichnungen weisen viel Brillanz auf.

TYPE 356 B

us,
as-
an-
ui a
en-
oins
e ne
e de
e im-
idèle
du pi-
um de
à une
d'obte-
ance et
on uni-
te voi-
Porsche
plication
e. La di-
la tenue
ment ex-
oins. Les
e tous les
de suppri-
prise légè-
e pour le
sécurité, à
Le compte
exactement
cteur tandis
, un nouvel
avertisseurs
la boite de
nouvelle et
cence sur les
les plus rapi-
avantage vers
en un tout la
sa sobre élé-
non seulement
s aussi du goût

de 60 CV et le

1600 S de 75 CV, si bien accueillis par le public et ayant fait leurs preuves, continuent à être construits sans modifications.
La surprise technique du type 356 B est le moteur «Super 90» qui dérive du moteur 1600 S dont la puissance a été augmentée de 15 CV, de sorte qu'il développe 90 CV à 5500 t/min.
Ce moteur à culbuteurs, d'une puissance sensiblement poussée, n'est pas seulement robuste et régulier, mais excelle également par des reprises foudroyantes à bas régime, ce qui représente, pour une voiture de course, un nouveau critère de valeur. Pour permettre à cette voiture sportive de prendre plus sûrement les virages en épingle à cheveux, on a prévu un ressort de compensation s'appuyant sur le carter de la boite de vitesses. Les déflecteurs livrés jusqu'à présent sur les Cabriolets et les Hardtop, sont aussi montés sur les Coupés pour assurer à tous moments une aération de l'intérieur de la voiture, individuelle, bien dosée, et sans courants d'air. La lucarne arrière peut présentement être chauffée pour empêcher le givrage et maintenir une bonne visibilité. La Porsche est spécialement appréciée pour couvrir de longues distances sans fatigue. C'est pourquoi on s'est efforcé de rendre la voiture encore plus spacieuse. La nouvelle solution est le siège arrière séparé. La siège des modèles précédents a été transformé en deux siègescoquilles, chacun nanti d'un dossier rabattable. Comme, de cette façon, la hauteur des sièges est augmentée de 60 mm, on peut loger dans le fond une personne adulte pour de longs trajets et utiliser en même temps la deuxième place pour déposer les bagages. Malgré toutes les améliorations, la Porsche, sommet de la production automobile européenne, est un véhicule resté fidèle à sa conception technique qui a fait ses preuves dans d'innombrables courses dans tous les continents, – une voiture sans compromis, vouée au progrès.

Le Roadster
est le successeur du convertible et de son prédécesseur le Speedster. Cette voiture ouverte et sportive est plus légère que le cabriolet normal et, par conséquent, plus spécialement destiné aux jeunes conducteurs sportifs et aux apprentis pilotes de course pour les mettre au diapason du sport automobile. De plus, elle est le véhicule idéal pour les déplacements journaliers, car même avec sa capote mise en place, elle a un aspect remarquable: – puissance alliée au tempérament et à la sécurité.
▼

CARACTERISTIQUES TECHNIQUES

Désignation	Coupé, Cabriolet/Hardtop, Roadster Type 356 B/1600	Coupé, Cabriolet/Hardtop, Roadster Type 356 B/1600 S	Coupé, Cabriolet/Hardtop, Roadster Type 356 B/1600 S-90
Type	Moteur à cylindres, 4 temps, à carburateurs, 2x2 cylindres horizontaux opposés (disposition en flat four), soupapes en tête inclinées		
Alésage	82,5 mm	82,5 mm	82,5 mm
Course	74,0 mm	74,0 mm	74,0 mm
Cylindrée	1582 cm³	1582 cm³	1582 cm³
Taux de compression	7,5:1	8,5:1	9:1
Puissance (DIN)	60 CV à 4500 t/min.	75 CV à 5000 t/min.	90 CV à 5500 t/min.
Couple maximum	11,2 mkg à 2800 t/min.	11,9 mkg à 3700 t/min.	12,3 mkg à 4300 t/min.
Boite de vitesses	4 vitesses avant synchronisées 1 marche arrière	4 vitesses avant synchronisées 1 marche arrière	4 vitesses avant synchronisées 1 marche arrière
Châssis			
Cadre	cadre-caisson embouti et soudé à la carrosserie		
Suspension des roues AV	2 biellettes longitudinales (en forme de leviers de support), stabilisateur 2 barres de torsion carrées, à faisceaux de lames transversales		
Suspension des roues AR	demi-essieux oscillants guidés par bras oscillants longitudinaux (en forme de lames de ressort) 1 barre de torsion ronde, de chaque côté		
Amortisseurs	amortisseurs télescopiques à double effet, AV et AR		
Frein à pied	agissant hydrauliquement sur les 4 roues, système Duplex à l'avant, système Simplex à l'arrière		
Roues	roues à disque ajouré avec jantes à base creuse, en acier, 4,5 J x 15		
Pneus	5.60-15 Sport	5.60-15 Sport	5.90-15 Supersport
Réservoir d'essence	placé sous le capot avant, capacité: 52 l. dont 5 l. de réserve		
Dimensions			
Empattement	2100 mm	2100 mm	2100 mm
Voie avant	1306 mm	1306 mm	1306 mm
Voie arrière	1272 mm	1272 mm	1272 mm
Longueur	4010 mm	4010 mm	4010 mm
Largeur	1670 mm	1670 mm	1670 mm
Hauteur	Coupé, Cabriolet 1330 mm; Hardtop 1315 mm; Roadster 1310 mm		
Rayon de braquage	env. 11 m	env. 11 m	env. 11 m

60, 75 und 90 PS sind die Standardwerte des 1582-ccm-Motors im Porsche 356 B 1600. Die Karosserie weist im Vergleich zum Vorgängermodell einige deutliche Unterschiede auf.

Porsche 1600 – das »Auto für heute und übermorgen«. Ein dreifarbiger Prospekt von 1956.

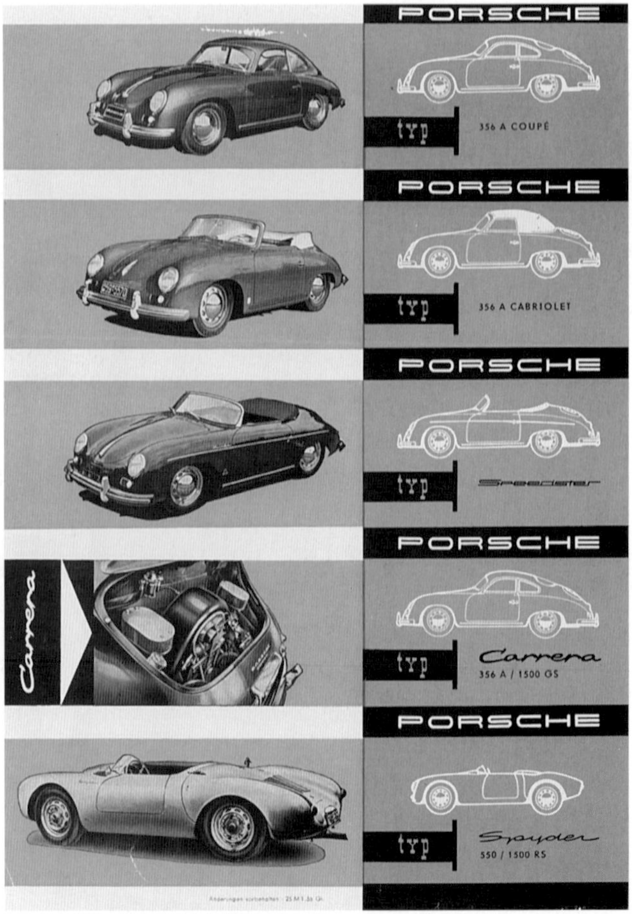

Besondere Herausstellung erfuhren hier die Porsche-Modelle Speedster und Carrera (Innenseite des obenstehenden Prospektes).

Schmissige Darstellung auf einem Prospekt für den 1957er Porsche Carrera 1500. Als Speedster kostete der Zweisitzer 17 700 Mark, als Cabriolet 2 000 Mark mehr. Das war damals viel Geld für einen 1,5-Liter-Wagen.

VOLKSWAGEN

Der Volkswagen, schon Mitte der dreißiger Jahre konzipiert, wurde nach dem Kriege zum Synonym für Autos made in Germany – und für das sogenannte deutsche Wirtschaftswunder. Millionen von Käfern aus Wolfsburg eroberten die Straßen in aller Welt. Erst 1974 erlebte der klassische Ur-VW seine Ablösung durch den Golf, war aber dennoch nicht am Ende seiner Karriere: In Mexiko und Brasilien wurde er weitergebaut.

Massenmotorisierung: Ein Prospekt aus dem Jahre 1952. Neu ist das im Herbst eingeführte Vollsynchrongetriebe.

BLICK INS INNERSTE

Ein Blick mit Röntgenaugen in den VW offenbart überzeugend, daß es eigentlich nichts Logischeres und Zweckmäßigeres gibt als diese Art von Raum- und Gewichtsaufteilung. Der Motor-Getriebe-Block liegt direkt über der Hinterachse; ohne Kardanwelle kann daher die Kraft des Motors unmittelbar auf die stets ausreichend belasteten antreibenden Räder übertragen werden. So liegt auch der hintere Gepäckraum zwischen Rückbank und Motor genau an der richtigen Stelle. Zum Ausgleich ruht über der Vorderachse die Last des gefüllten Kraftstoffbehälters, des geschützt und unsichtbar eingefügten Reserverads und eines zweiten, neuerdings vergrößerten, koffergerechten Gepäckraums; der gesamte, zwischen den Achsen liegende und deshalb bestgefederte Raum aber bleibt ohne Einschränkung den Passagieren vorbehalten, die dank dieses Konstruktionsprinzips Platzverhältnisse vorfinden und Fahrannehmlichkeiten genießen, die man bei Fahrzeugen dieser Größenklasse vordem nicht für möglich hielt. Selbst im Fond sitzt man also im stoßfrei schwebenden Mittelraum. Der Schwerpunkt des Wagens liegt bei dieser Anordnung der gewichtsentscheidenden Elemente, unabhängig von der Zahl der Fahrgäste, besonders niedrig und an fahrtechnisch günstigster Stelle.

Ein hohes Maß an Sicherheit gegenüber gewaltsamen Einwirkungen bietet die verwindungssteife, elektrisch punktgeschweißte, durch konstruktive Spannungselemente bis zur letzten Widerstandsfähigkeit entwickelte Ganzstahlkarosserie, deren gefällige Linie aus dem Bild der europäischen Straßen nicht mehr wegzudenken ist.

Als einer der berühmtesten VW-Kataloge gilt dieser von 1954 mit Ringheftung, durchgehend in Farbe. Die künstlerischen Darstellungen des Graphikers Bernd Reuters, eineinmontierte Fotos und transparente Auflegeblätter machen ihn zu einem interessanten Dokument. Eine Preisliste war eingesteckt.

Nur geringfügig unterschieden sich Standard- und Exportmodell, äußerlich vor allem durch Chromschmuck. Der Preisunterschied betrug zwischen 800 und 900 Mark.

Scheinwerfer. Als Einbau-Scheinwerfer für den Volkswagen kommt die Ausführung LE/YE 180/2 (Streuscheibe mit Bosch-Zeichen) in Betracht. Einstellung des Fern- und Abblendlichts nach besonderer Anleitung.

Einbau-Scheinwerfer und Nebelscheinwerfer am Volkswagen

Nebelscheinwerfer. Ein oder zwei Nebelscheinwerfer (mit 35-Watt-Glühlampen), die je nach Einstellung als Nebel- oder Kurvenscheinwerfer dienen (in Deutschland sind nur Nebelscheinwerfer zugelassen), können vorne an den Stoßstangenträgern mit Hilfe des Klemmhalters LEBE 34 L 6 Z (für niederen Anbau) oder LEBE 34 L 1 Z (für höheren Anbau) angebaut werden. Die rostgeschützten Klemmhalter können verdreht und die Nebelscheinwerfer allseitig um 8° geneigt werden, so daß diese in beliebig vielen Stellungen angebaut werden können. Die Einstellung geschieht nach besonderer Anleitung. Das flache Gehäuse der Bosch-Nebelscheinwerfer beansprucht nur wenig Platz für den Anbau. Zur Verfügung stehen folgende Ausführungen:

1

Ein Prospekt der Robert Bosch GmbH. Gern gekauftes Sonderzubehör: Das Blaupunkt-Radio sowie Nebelscheinwerfer.

Eine Weihnachts-Werbekarte der VW-Händlerschaft.

Ob in geschlossenem oder offenem Zustand, der Käfer war ein Wagen von unverwechselbarer funktioneller Schönheit. Das Verdeck war von hervorragender Qualität und ließ das Auto auch im Winter nicht zur zugigen und kalten Behausung werden, wovon Fahrer anderer Cabrios oft ein Lied singen konnten.

Als Edelversion des VW Käfers gab es für das Cabriolet zahlreiche Sonderausstattungen, für besonders anspruchsvolle Kunden darunter so altmodisch anmutende Dinge wie spezielle Armrollen für die Fondpassagiere.

Wie auch dieses hübsche Titelbild, so schuf der berühmte Auto-Graphiker Ernst Reuters zahlreiche Illustrationen für VW-Werbebroschüren, stets von vollendeter Ästhetik.

Ob im Stadtverkehr oder im Urlaub auf Paßstraßen, überall begegnete man VW-Modellen in wachsender Zahl; auch in Amerika wuchs die Zahl der Käfer Freunde recht schnell.

Einziger Nachteil bedingt durch Heckmotorbauweise: die umständliche Gepäckunterbringung!

Auch mit der Cabrioletkarosserie von Karmann bot der Wagen natürlich alle Vorzüge des Arbeitstieres VW Käfer.

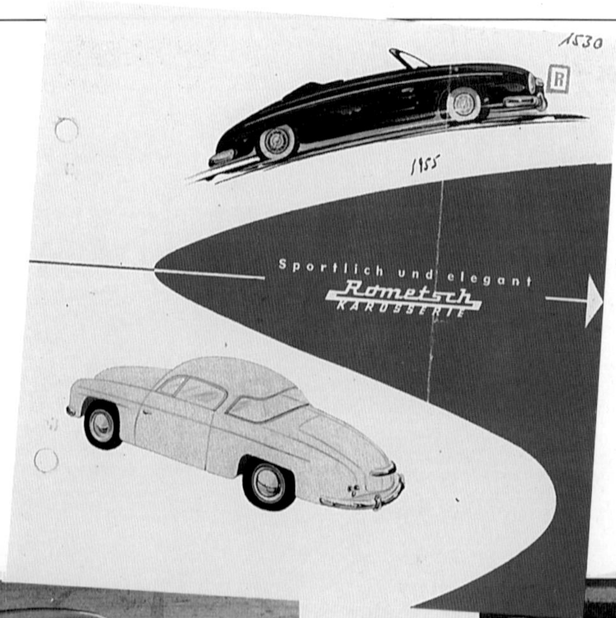

Die in Berlin ansässige Firma Rometsch hatte schon lange vor dem Kriege einen guten Ruf für seine spezialkarosserien. Aus dem Volkswagen-Käfer machte sie ein attraktives Sportcabrio – der Karmann-Ghia hatte es schwer, mitzuhalten.

Grand premier prix Internationale Schönheitskonkurrenz in Genf 1954 und 1955

Das ROMETSCH-Spezial-Sport-Coupé und Cabriolet für das VW-Export-Fahrgestell

ist trotz niedrigster Bauweise äußerst geräumig; es bietet 3 Personen mit entsprechendem Gepäck auch bei längeren Fahrten ein bequemes Reisen. Breite Türen gestatten ein müheloses Ein- und Aussteigen.

Das geschmackvolle und übersichtlich angeordnete Armaturenbrett und die elegante, harmonische Innenausstattung, — bequeme, einzeln verstellbare Vordersitze sowie eingebaute Warmluftheizung und Entfroster machen die Fahrt im ROMETSCH bei jeder Jahreszeit zur Freude. Während das Verdeck des Cabriolets völlig versenkbar ist, gestattet die Rundverglasung des Coupés gute Sicht nach allen Seiten.

Hohe Auszeichnung beim Treffen der Meisterkarossiers von Europa und Amerika. San Remo 1954

Komfortabel · individuell · wirtschaftlich · elegant

Jedes ROMETSCH-Modell

besticht durch seine besondere Linienführung. Als Cabriolet und als Coupé lieferbar, vereinigt es die guten Fahreigenschaften des beliebten, wirtschaftlichen und strapazierfähigen VW-Fahrgestells mit einer äußerst eleganten Spezialkarosserie in jeder gewünschten Farbkombination und luxuriöser Innenausstattung. Trotz solidester Qualitätsarbeit der Karosserie wurde durch weitgehende Verwendung von Leichtmetall in den nichttragenden Teilen das Gesamtgewicht außerordentlich niedrig gehalten. Die aerodynamisch günstige Form verleiht dem Wagen eine hohe Spitzengeschwindigkeit, und die hervorragende Straßenlage gewährleistet dabei ein komfortables und sicheres Fahren.

Man habe auch eine Niederlassung in Hollywood, stand in der Rometsch-Werbung. Das hob das Image gewaltig. Doch der Rometsch-VW sprach für sich – er war eine bildhübsche Kreation.

DAS SCHÖNE UND INTERNATIONAL ANERKAN
Bestechend durch seine besonders gelungene Linienführung und Ausstattung.
Trotz niedrigster Bauweise äußerst bequem und geräumig.
Durch günstiges Gesamtgewicht und Schwerpunktverlagerung erhöhte Spitzengeschwindigkeit und hervorragende Straßenlage.
Platz für großes Gepäck in zwei Kofferräumen.
Coupé
Ein Wagen für den verwöhntesten Anspruch

Im Laufe der fünfziger Jahre gab es diverse Ausführungen des Rometsch-Volkswagens. Umbauten nahmen die Berliner auch von anderen Fahr zeuge vor, etwa von Alfa Romeo oder Fiat. Die Verarbeitung wurde von allen Kunden gelobt.

Die zweifarbige Lackierung mit frechem Schwung in der Linie war zeittypisch und betonte die Silhouette des Rometsch-Volkswagens vorteilhaft.

Links: Der erste 1955er Prospekt für das Coupé trug nicht das Volkswagenwerk als Absender, sondern die Firma Karmann in Osnabrück.

Gleichwohl trugen die Werbemittel dieselbe künstlerische Handschrift wie die für den VW Käfer. Die Entwürfe stammten von Professor Bernd Reutters.

Cabriolet
Mit dem Karmann-Ghia-Cabriolet hat man praktisch „zwei Wagen in einem“: das wetterfest geschlossene Automobil für kalte Tage und den rassigen, offenen Sportwagen für sommerfrohes Fahren in Licht, Luft und Sonne.
KARMANN Ghia
Im geschlossenen Cabrio fühlt man sich unter dem geräuschdichten Faltverdeck ebenso behaglich geborgen wie unter dem stabilen Stahldach des Coupés. Da das Rückfenster überraschend groß und zweckbestimmt niedrig angelegt ist, sind beste Sichtmöglichkeiten auch nach hinten gegeben. Die breit ausschwingenden, gewölbten Front- und Seitenscheiben gewähren weite Ausblicke und erhöhen das Gefühl der Fahrsicherheit. Angenehm gedämpft und doch wohltuend hell fällt das Tageslicht ein. Man ist frei in diesem Cabriolet; frei übrigens auch von Gepäcksorgen, denn neben dem vorderen Kofferraum bietet das zweite Depot im Fond noch zusätzlich viel Platz.

Wie man das Karmann-Ghia-Cabriolet auch fährt – ob offen oder geschlossen: die Noblesse dieses Wagens bleibt untadelig. Ideal gelöst wurde das alte Problem des Karosseriebaus: wie ein Cabrio-Verdeck möglichst schnell geöffnet, zügig nach hinten gelegt und rasch wieder fest geschlossen werden kann. Zu dieser Lösung gehört vor allem der sinnreich konstruierte Zentral-Kurbelverschluß, der von beiden Sitzen aus bequem zu bedienen und im Handumdrehen entriegelt ist.

Das geschmeidige, spielend zu öffnende Verdeck faltet sich automatisch zusammen. Zur Hälfte versenkbar, liegt es trotz seiner guten, geräuschdichten Polsterung so flach im Fond, daß die sportliche Kontur des Wagens noch ausgeprägter zur Geltung kommt. Zugleich wurde ein sehr beträchtlicher Platzgewinn erzielt, der die für ein Cabriolet ungewöhnliche Größe des hinteren Kofferraums erklärt. Ebenso mühelos schnell kann das schützende Faltverdeck auch wieder wetterfest geschlossen werden.

Seiten aus einem der schönsten Karmann-Ghia-Prospekte, herausgegeben 1958. Er beschrieb die damals aktuelle 30-PS-Version als Coupé und Cabriolet.

Heizung und Lüftung waren besser als beim Käfer.

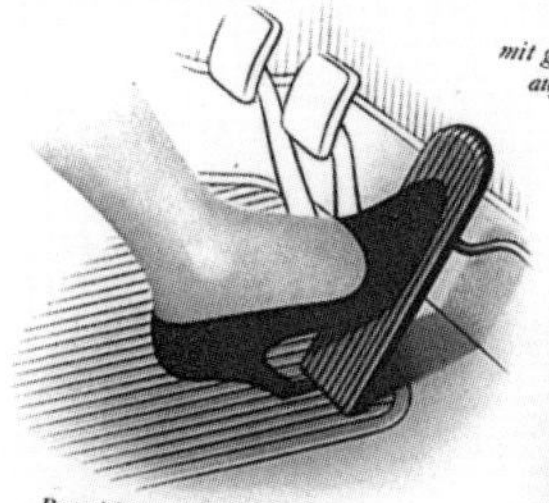

Starke Bremsen mit großer Bremsfläche reagieren auf geringsten Pedaldruck.

Rutschfestes Gaspedal mit breiter, gummibelegter Trittplatte; bequem und spielend leicht bedienbar – maßgerecht auch für alle Absatzhöhen des Damenschuhes. Unempfindliche, farbechte Gummimatten als Bodenbelag; Noppenteppich als Verkleidung der Vorderwand, des Rahmentunnels und des Unterholms.

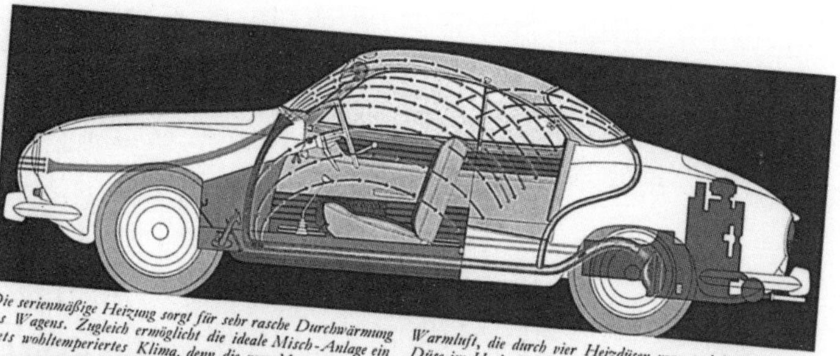

Die serienmäßige Heizung sorgt für sehr rasche Durchwärmung des Wagens. Zugleich ermöglicht die ideale Misch-Anlage ein stets wohltemperiertes Klima, denn die vom Motor kommende Warmluft, die durch vier Heizdüsen vorn und die Entfroster-Düse im Heck einströmt, kann auch bei geschlossenen Fenstern durch die Luftschlitze beliebig mit Frischluft gemixt werden.

Die gutgefederten und körpergerecht geformten Polstersessel sind auch während der Fahrt einzeln verstellbar. Auf schrägen Gleitschienen ruhend, können sie durch leichten Hebeldruck beliebig nach vorn oder hinten gerückt und damit automatisch höher oder tiefer gelegt werden. Da die Lehnen ebenso mühelos in drei verschiedene Neigungsstufen einrasten, läßt sich für jede Körpergröße immer die bequemste Sitzposition finden. Beide Hauben sind von innen verriegelbar. Sehr helle Innenbeleuchtung.

● Bedienungshebel der fein regulierbaren Frischluft-Anlage (linker Hebel für linke, rechter Hebel für rechte Wagenhälfte; Schnellverschluß) ● Haubenzug von innen verschließbar (Cabriolet) ● Blinkerschalter (automatische Rückstellung) mit Lichthupe kombiniert ● Beleuchtete elektrische Benzinstands-Kontrolle und Zeituhr ● Lenkrad mit versenkter Nabe und Signal-Halbring ● Armaturen-Tafel mit Kunstlederschutz gegen Spiegelung ● Bedienungsknopf für Scheibenwischer und Scheiben-Waschanlage (serienmäßig) ● Sonnenblenden aus elastischem Kunststoff

WENDAX

Wendax hieß ein kleiner, von 1949 bis 1951 in Hamburg hergestellter Wagen mit einem 400 ccm großen Zweitakt-Zweizylindermotor von Ilo. Dem dreisitzigen Roadster wurden Konstruktions- und Verarbeitungsmängel nachgesagt, zudem kostete er mehr als ein Volkswagen. Ein Erfolg blieb dem Wendax schon aus diesem Grunde versagt…

AUS DEM WENDAX-PRODUKTIONS-PROGRAMM 1949

Der traditionsreiche Motorradhersteller Zündapp versuchte 1957 ins Kleinwagengeschäft einzusteigen und präsentierte einen Vierplätzer mit zwei Sitzreihen Rücken an Rücken. Der Name „Janus“ war daher gut gewählt. Der 200-ccm-Zweitaktmotor befand sich in der Wagenmitte, war mit 14 PS aber recht schwach für 725 kg Gesamtgewicht. Bis Ende 1958 wurden in München etwa 7000 dieser Fahrzeuge hergestellt.